L'auteur

François Veillerette est président du MDRGF (Mouvement pour le Droit et le Respect des Générations Futures). Partenaire actif de PAN Europe (Pesticide Action Network) et membre du Comité Directeur de l'IPEN (International POPs Elimination Network), il participe à de nombreuses conférences internationales. C'est lui qui a révélé à la presse, en août 2001, le niveau élevé de pollution de nos aliments par les pesticides.

FRANÇOIS VEILLERETTE

PESTICIDES
LE PIÈGE SE REFERME

Préface

Les pesticides sont des substances chimiques particulières en ce sens qu'elles ont été développées pour être à la fois toxiques et délibérément dispersées dans l'environnement.

Pesticides, le piège se referme nous montre à quel point les pesticides sont omniprésents dans les écosystèmes. Il nous montre comment le développement progressif de la recherche scientifique et des programmes de surveillance a permis la mise en évidence d'un nombre croissant de pesticides dans les eaux de surface, les eaux souterraines, les eaux de pluie, l'air, les aliments, les espèces animales et, *in fine*, le corps humain.

En s'appuyant sur une documentation à la fois abondante et rigoureuse, François Veillerette nous révèle en termes simples et scientifiquement choisis les conséquences de l'usage intensif des pesticides. Il décrit leurs effets, tant aigus qu'à long terme, sur la santé des écosystèmes et celle de l'homme, qu'il soit utilisateur de pesticides ou non.

Il souligne la vulnérabilité toute particulière du fœtus et des jeunes enfants. Il nous montre également, exemples à l'appui, les effets désastreux, pour les pays du tiers monde, de l'utilisation de pesticides parmi lesquels figurent des substances interdites chez nous mais néanmoins autorisées à l'exportation.

Ce livre est un avertissement éloquent et pressant sur les dangers que représentent les pesticides chimiques auxquels nous sommes exposés par de multiples voies de pénétration, dont l'alimentation, et ce dès avant la naissance, avec des effets additifs ou multiplicatifs, parfois irréversibles. L'auteur conclut en lançant des pistes pour sortir du "piège" et propose une conversion progressive vers des agricultures alternatives.

Pesticides, le piège se referme vient à point nommé au moment où la Commission européenne :

– reconnaît, dans le cadre du VIe programme d'action pour l'environnement, « qu'il existe suffisamment d'éléments suggérant que l'ampleur et la nature des problèmes occasionnés par les pesticides sont sérieuses et en augmentation, en particulier en ce qui concerne la contamination des eaux souterraines, des denrées alimentaires et l'accumulation continue de certains pesticides dans les plantes et les espèces animales; que nous n'avons qu'une pauvre connaissance des effets de très faibles quantités de polluants qui s'accumulent dans notre corps et qu'en conséquence, il est de

notre devoir de protéger les groupes vulnérables tels les enfants et les personnes âgées» et, en conséquence, propose l'élaboration d'une "stratégie thématique" pour réduire les risques liés à l'utilisation des pesticides et réduire, de façon importante, leur utilisation;
– s'engage à proposer, à court terme, une révision de la directive 91/414/CEE destinée à écarter du marché les pesticides les plus problématiques, en raison notamment des lacunes actuelles du système d'harmonisation de l'autorisation des pesticides;
– et devra sous peu revoir le règlement 2455/92 sur les exportations et importations de certains produits chimiques dangereux.

Pourtant, une réduction importante de l'utilisation des pesticides en Europe était déjà prévue il y a près de dix ans dans le Ve programme d'action pour l'environnement sans que rien ne se soit produit à ce niveau. Entre-temps, la consommation de produits phytosanitaires, exprimée en milliers de tonnes de matières actives, s'est accrue en Europe et ce malgré le recours croissant à de "nouveaux pesticides", actifs à plus faible dose mais tout autant dotés d'effets indésirables. Cet accroissement de consommation, ce renforcement de la dépendance vis-à-vis des pesticides entraînent donc une augmentation du risque pour la santé et l'environnement. D'où l'urgence d'une action politique européenne et nationale audacieuse et efficace.

Pesticides, le piège se referme explique de manière claire et attrayante des matières complexes. Nous espérons que ce livre permettra à un large public de mieux comprendre :
– les effets délétères de la surconsommation actuelle de pesticides;
– l'urgente nécessité de la mise en œuvre dans tous les pays européens de programmes intégrés de réduction de l'utilisation de pesticides, en vertu des principes de précaution, de prévention et de substitution;
– l'importance d'une révision profonde de la directive relative à l'autorisation des pesticides;
– l'impératif d'une révision du règlement concernant les exportations et importations de produits chimiques dangereux, conforme à la réduction des impacts de la pollution par les pesticides dans d'autres parties du monde.

Catherine Wattiez, Docteur en Sciences
Inter-Environnement Wallonie
Administratrice du Pesticides Action Network (PAN) Europe.

Sommaire

Introduction

On nous annonçait, dans les années 1960, que la révolution verte allait nourrir le monde et supprimer la misère. Le progrès technique allait repousser les limites de la productivité agricole aussi loin que l'homme le voudrait. La machine allait remplacer l'homme, la chimie appliquée allait permettre de tout contrôler : les rendements comme les maladies et les ravageurs ! Le paysan était déjà devenu agriculteur, il allait bientôt devenir agri-manager. L'agriculture, elle, était en train de devenir l'agro-industrie.

Quelques décennies plus tard, quel est le bilan? Certes, les rendements ont augmenté dans des proportions considérables dans les pays industrialisés, et la production y dépasse largement les besoins. Dans les pays du Sud, les rendements se sont également améliorés, bien que dans une proportion moindre, mais le nombre d'habitants de la planète souffrant de malnutrition – environ 1 milliard – n'a pas diminué. Et puis, il y a le revers de la médaille. Et quel revers!

Perte de biodiversité, stérilisation ou baisse de fertilité des sols, modification du régime des eaux, disparition du bocage et de ses refuges pour auxiliaires, appauvrissement des aliments industriels forcés à l'engrais soluble, standardisation des saveurs, déséquilibre des régimes alimentaires, pollution généralisée des eaux par les nitrates, pollution génétique liée à la culture des organismes génétiquement modifiés (OGM), épizooties transmissibles à l'homme (encéphalopathie spongiforme bovine – ESB), pollution de l'environnement dans son ensemble par les pesticides, autant de réalités d'aujourd'hui qui doivent nous donner à réfléchir.

Parmi tous ces dangers, la pollution par les pesticides est celui qui suscite le plus d'interrogations et d'inquiétude. Que sont précisément les pesticides? Quels effets ont-ils sur notre santé et sur celle de nos enfants ? Faut-il croire ceux qui se veulent rassurants et nous disent que toutes les précautions sont prises ? Peut-on se protéger efficacement contre les pesticides? C'est pour répondre à ces questions que ce livre a été écrit.

Après des décennies de doute, qu'aucun élément objectif décisif ne venait vraiment dissiper, les moyens modernes de diffusion de l'information, alliés à une mise en réseau des organisations non gouvernementales (ONG) du monde entier travaillant sur la question des pesticides et plus largement des toxiques, nous permettent aujourd'hui d'avoir accès à une information précieuse. La qualité et la richesse de cette information sont par ailleurs renforcées par les progrès récents de la science, et notamment de la biologie moléculaire et de l'épidémiologie.

Afin de donner à cet ouvrage le maximum de crédibilité, nous avons choisi de n'y faire figurer, sauf exception, que les résultats d'études sur l'homme, dans la mesure où elles existent. Ces études sont de deux types :

– Les études cliniques. En cas d'intoxication aiguë ou dermatologique, il est relativement facile de faire le lien entre l'exposition à un pesticide donné et un ensemble de symptômes;

– Les études épidémiologiques. Elles ne démontrent pas de manière irréfutable une relation de cause à effet entre un pesticide A et une maladie B, mais elles mettent en évidence le risque statistiquement plus important encouru par des personnes exposées à un produit toxique de développer une maladie par rapport à une population témoin non exposée. Elles sont donc le résultat d'observations en vraie grandeur sur la population et à ce titre irremplaçables : leurs résultats nous alertent sur les dangers pour la santé humaine qu'elles nous amènent à suspecter. De telles études ont été très souvent conduites aux États-Unis depuis plus de vingt ans ; certaines ont été réalisées, hélas plus rarement, en France et dans d'autres pays européens. Elles sont notamment indispensables pour étudier d'éventuels liens entre pesticides et maladies chroniques (cancers, perturbations du système endocrinien, etc.) pour lesquelles l'étude sur l'homme en laboratoire est totalement exclue pour des raisons éthiques.

On peut distinguer trois types d'études épidémiologiques :

– Celles relatives à l'exposition professionnelle aux pesticides. Ce sont les plus nombreuses car il va de soi que les risques pour la santé sont particulièrement élevés pour les agriculteurs ou les ouvriers qui fabriquent des pesticides. Les résultats de cette catégorie d'études peuvent néanmoins être intéressants pour la population dans son ensemble lorsque, comme c'est parfois le cas, les maladies développées dans la population générale sont les mêmes que celles mises en évidence dans les enquêtes épidémiologiques conduites auprès des utilisateurs professionnels;

– Celles qui concernent l'exposition domestique aux pesticides : utilisation d'herbicides au jardin, d'insecticides à la maison, de produits de traitement du bois, achats de moquettes traitées, etc.;

– Enfin celles qui étudient le risque relatif d'une partie de la population du fait de son exposition aux pesticides par l'environnement (proximité d'agriculteurs utilisant des pesticides, pollution de l'eau, etc.). Ce dernier type d'études est le plus difficile à conduire, car il faut étudier une population large et parfois mouvante, chercher des informations sur la santé de populations entières. Elles sont cependant particulièrement intéressantes car elles concernent le plus grand nombre.

Face aux conclusions peu rassurantes que nous serons amenés à tirer, à la fois des témoignages recueillis un peu partout dans le monde et de l'importante littérature scientifique disponible aujourd'hui, nous montrerons aussi qu'il existe des alternatives et qu'il dépend de nous, en tant que consommateurs et citoyens, qu'elles soient mises en œuvre.

chapitre **1.** Les pesticides à la conquête du monde

L'ère des organochlorés

Avant la Seconde Guerre mondiale, les pesticides employés en agriculture étaient des dérivés de composés minéraux ou de plantes. Ainsi, on utilisait des composés d'arsenic, de cuivre, de zinc, de manganèse, de plomb… ainsi que du pyrèthre, de la roténone, du sulfate de nicotine…
Au cours de la Première Guerre mondiale, le chlore et d'autres gaz chlorés, tel le tristement célèbre gaz moutarde, furent utilisés comme armes chimiques de guerre. Le chlore, sous-produit de l'industrie de la soude caustique, était dangereux à stocker et impossible à éliminer ; son utilisation comme arme chimique permit de disposer de ces stocks et de créer de toutes pièces de nouveaux marchés, rendant possible l'expansion rapide de cette industrie.
L'effort de développement de ces armes chimiques mit en évidence les propriétés insecticides de certains de ces composés chlorés. Cette découverte ne fut pas due au hasard : les insectes étaient largement utilisés pour tester leur capacité à tuer des hommes! Ainsi, en 1937, les propriétés insecticides du DDT furent mises en évidence et utilisées pendant la guerre sur les troupes alliées pour contrôler les insectes parasites.

Une nouvelle famille de pesticides venait d'être créée : les organochlorés, et avec elle un nouveau marché énorme pour le chlore (1)[1] !
De nombreux pesticides organochlorés virent alors le jour et l'industrie du chlore connut une croissance sans précédent. L'hexachlorobenzène apparut en 1945, l'heptachlore en 1948, l'aldrine, la dieldrine et l'endrine de 1948 à 1951, le mirex en 1959…
Tous ces pesticides sont des POPs*[2] (polluants organiques persistants, voir chapitre II, p. 25) et font partie de la “sale douzaine” de substances introduites par l'ONU (Organisation des Nations unies) dans la convention de Stockholm sur les polluants organiques persistants du 22 mai 2001.

1. Les chiffres entre parenthèses renvoient aux références (p. 150 à 155).

2. Les mots suivis d'un astérisque figurent dans le glossaire.

L'utilisation de pesticides organochlorés en agriculture devait connaître une forte expansion jusqu'au début des années 1960. En 1962, Rachel Carson publia *Silent Spring (Printemps silencieux)* (2) qui révéla au monde les dommages pour l'environnement et la santé causés par les pesticides organochlorés. Leur dangerosité et leurs propriétés de persistance et de bio-accumulation* en font des substances tout particulièrement nocives. Leur production a depuis diminué mais on les retrouve encore partout dans l'environnement : dans l'air, dans l'eau, dans les poissons… et dans le corps des êtres humains (voir chapitres II et III).

Organophosphorés, pyréthrinoïdes et autres insecticides chimiques d'aujourd'hui

Pour la plupart interdits dans les pays industrialisés, les organochlorés ont été remplacés par d'autres familles de pesticides.
Les plus nombreux sont les organophosphorés. Ils ont en général une toxicité aiguë plus élevée que les organochlorés, mais ils se dégradent beaucoup plus rapidement. Le plus ancien – et un des plus toxiques – est le parathion, commercialisé dès 1944. Les organophosphorés ont en commun leur mode d'action sur le système nerveux des ravageurs* : l'inhibition irréversible des enzymes* cholinestérases. Les cholinestérases ont pour rôle de détruire l'acétylcholine. Sans ces enzymes, l'acétylcholine s'accumule, déstabilisant la neurotransmission et produisant des contractions involontaires des muscles, des convulsions, la paralysie et, à l'extrême, la mort. Cette propriété est malheureusement aussi la cause de nombreux accidents chez l'homme. Dans cette famille, citons le bromophos, le diazinon, le malathion, le phosmet, le dichlorvos, etc.

Plus récemment sont apparus les pyréthrinoïdes de synthèse. Leur composition se rapproche de celle du pyrèthre naturel, mais ce sont en réalité des pesticides chimiques comme les autres. C'est aujourd'hui la famille d'insecticides la plus utilisée.
Parmi les autres familles d'insecticides commercialisées, signalons notamment les carbamates, les carbinols, les sulfones et les sulfonates.

Les fongicides : de la bouillie bordelaise aux molécules de synthèse

Jusqu'à la Seconde Guerre mondiale, on luttait contre les maladies des plantes principalement avec de la bouillie bordelaise (un mélange de sulfate de cuivre et de chaux) et du soufre. Ces produits sont encore utilisés de nos jours, mais ils ont été largement supplantés par les fongicides de synthèse. Il en existe de nombreuses familles : carbamates, dérivés du benzène, dérivés du phénol, quinones, amines, amides, triazoles, etc. Leurs dangers pour la santé sont très divers. Certains, comme le captane ou le manèbe, sont considérés comme des cancérogènes probables.

Les désherbants (ou herbicides)

Alors que la consommation des insecticides et des fongicides a tendance, dans les pays industrialisés, à stagner, celle des herbicides continue à augmenter régulièrement. Ce sont eux que l'on retrouve le plus régulièrement dans l'eau et dans l'air. Il en existe de très nombreuses familles : les phénols nitrés, les benzonitriles, les carbamates, les urées substituées, les amides, les triazines (dont fait partie la trop célèbre atrazine), les ammoniums quaternaires, les sulfonurées, etc. Le plus célèbre d'entre eux, et le plus vendu dans le monde, est le glyphosate, plus connu sous le nom de Roundup. Les herbicides sont réputés moins violemment toxiques que les insecticides, sauf quelques substances comme le paraquat et le diquat. Ils sont néanmoins nombreux à être classés comme cancérogènes probables ou possibles (alachlore, atrazine, simazine…) et à être classés perturbateurs endocriniens (voir chapitre V).

Les autres produits

À côté des trois grands groupes (insecticides, fongicides et herbicides) de pesticides, bien d'autres produits existent, pour lutter contre les limaces (les molluscicides), contre les rongeurs (les rodenticides), contre les nématodes (les nématicides), contre les corbeaux (les corvicides), pour désinfecter le sol (les fumigants). Bref, il existe des armes chimiques contre tous les ennemis des cultures.

Évolution des quantités de pesticides utilisées dans le monde et en France

L'industrie des pesticides au niveau mondial représente un marché énorme : 27,83 milliards de dollars en 2000.

Pendant longtemps, près de 80 % des pesticides étaient utilisés dans les pays industrialisés. Mais, au cours des quarante dernières années, l'extension du modèle agricole intensif dans les pays en voie de développement a fait des pesticides des produits d'exportation de première importance. Environ 37 % de la production sont maintenant vendus sur le marché international. Les capacités de production de pays en voie de développement comme le Brésil, l'Inde ou la Chine sont par ailleurs en pleine expansion (3).

Les principaux marchés mondiaux de pesticides (en millions de $)

2000	Herbicides	Insecticides	Fongicides	Divers	Total
Amérique du Nord	6 132	1 460	785	327	8 704
Amérique latine	2 563	1 350	910	152	5 005
Europe	2 678	1 080	2 332	300	6 390
Asie	2 493	2 412	1 475	180	6 560
Reste du monde	244	788	118	21	1 171
Total	**14 140**	**7 090**	**5 620**	**980**	**27 830**

(Source : UIPP)*

Les échanges internationaux de pesticides

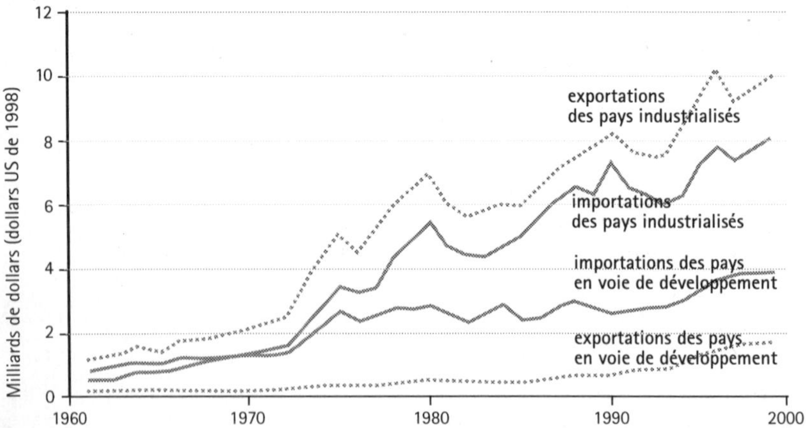

La France est le troisième consommateur mondial – et le premier européen – de pesticides avec 120 502 tonnes utilisées en 1999 (5). L'industrie française des pesticides représente plus de 30 % de parts de marché en Europe et 2,3 milliards de dollars de chiffre d'affaires!

Chiffre d'affaires de l'industrie des pesticides des différents pays européens (en millions de $)

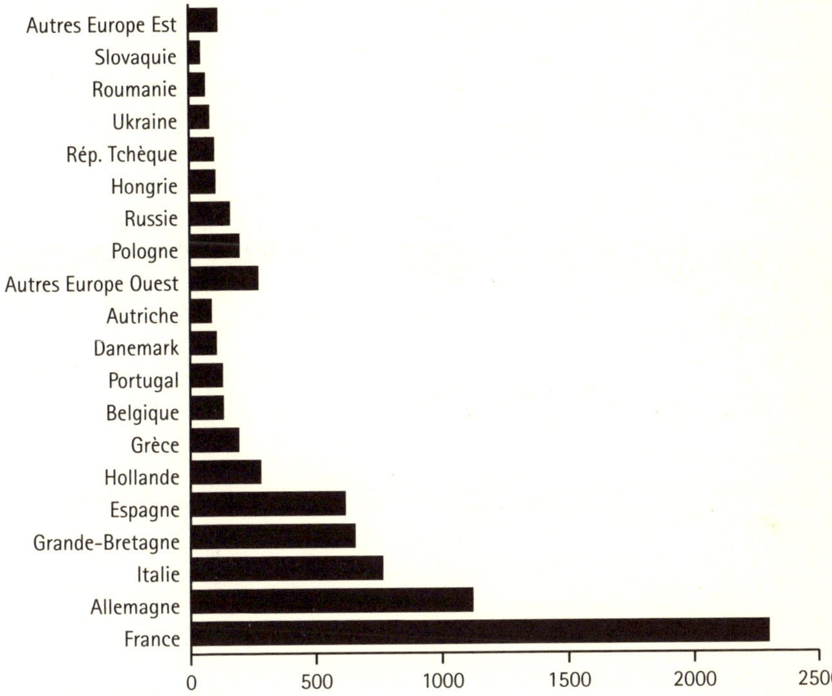

(Source : UIPP, 2001)

Malgré les discours officiels se voulant rassurants et annonçant un emploi minimal des pesticides, leur consommation en France reste stable et forte. Elle augmente même ces dernières années après avoir connu une légère baisse au début des années 1990. Selon le propre site Internet de l'UIPP*, la baisse de 1999 à 2000 est à relativiser, l'entrée en vigueur de la TGAP* au 1er janvier 2000 ayant généré une forte anticipation des ventes sur le quatrième trimestre 1999. L'année 1999 a en effet été une année record avec plus de 120 000 tonnes de matières actives commercialisées.

Évolution du tonnage des matières actives de pesticides utilisées par an en France

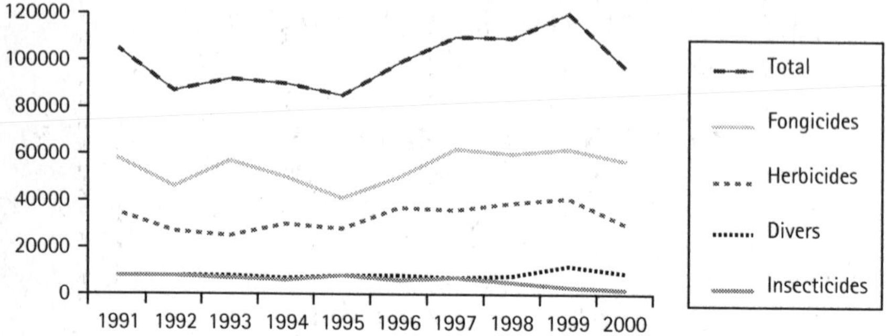

(Source : UIPP, 2002)

Si les ventes augmentent, la toxicité des produits vendus aujourd'hui a également augmenté. Ainsi, certaines formulations commercialisées actuellement sont estimées comme étant de 10 à 100 fois plus puissantes que celles vendues en 1975 (6) !

La France est également le pays d'Europe qui a le plus de substances autorisées sur le marché : 527 en décembre 2000.

Nombre de substances autorisées par pays dans l'Union européenne en décembre 2000

Pays	Nombre de substances autorisées
Finlande	133
Suède	136
Danemark	140
Luxembourg	214
Pays-Bas	229
Allemagne	242
Portugal	252
Autriche	279
Belgique	307
Irlande	332
Royaume-Uni	341
Grèce	364
Italie	391
Espagne	526
France	**527**
Nombre total de substances autorisées :	759

Source (7)

chapitre 2. Eau, air, aliments, maisons : les pesticides sont partout

Après des décennies d'agriculture industrielle polluante, des millions de tonnes de pesticides ont été déversées sur les cultures en France. Ces substances ne disparaissent pas comme par magie après application, même si elles sont invisibles. Elles se dispersent dans l'environnement (air, eau, sols, habitations...), pénètrent les écosystèmes* et entrent sous forme de résidus dans nos aliments. La dégradation dans l'environnement est très variable selon les substances et peut prendre des dizaines d'années. Certaines substances ont la propriété de se concentrer le long des chaînes alimentaires et se retrouvent à des concentrations très importantes en fin de chaîne dans les graisses des prédateurs... comme l'homme.

Eaux de surface et eaux souterraines : de plus en plus polluées

L'Institut français de l'environnement (IFEN) a publié en septembre 2000 une étude – la plus complète réalisée à ce jour – qui révèle l'ampleur de la pollution par les pesticides des eaux de surface et souterraines (8).

Les pesticides dans les eaux de surface

Les analyses dans les eaux de surface datent de la période 1995-1998. L'étude s'appuie sur des données des DDASS*, des producteurs d'eau potable de la DIREN* Bretagne et du RNB*. Elle montre que la grande majorité des eaux sont polluées, principalement par des herbicides.

Pesticides les plus souvent trouvés dans les eaux de surface en 1995-1998
Pourcentage des analyses dans lesquelles les pesticides ont été retrouvés

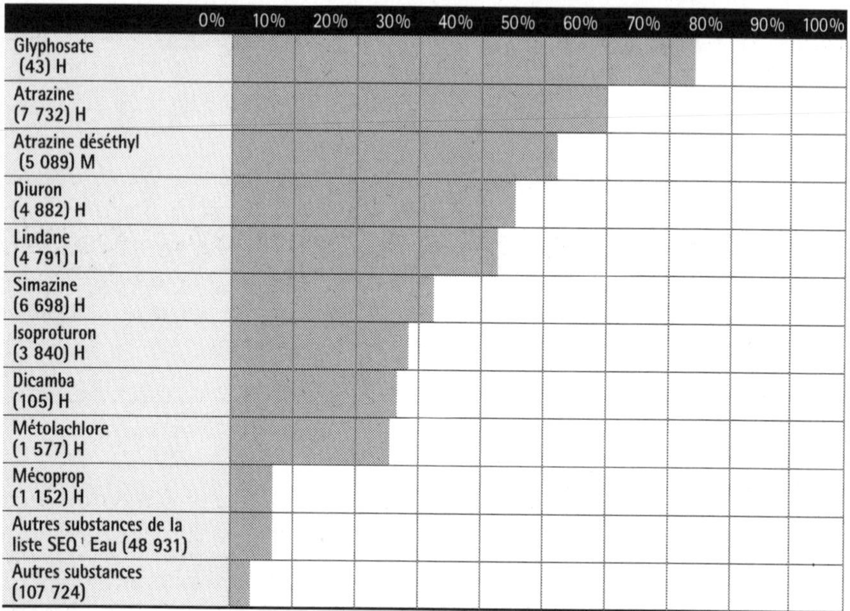

(Entre parenthèses le nombre de recherches d'une substance, H : herbicide, I : insecticide, M : métabolite*)
Source (8)

Ce document met en évidence la présence fréquente de pesticides peu souvent recherchés dans les eaux de surface. Ainsi le glyphosate (principe actif notamment du Roundup) apparaît dans ce document comme le pesticide le plus fréquemment trouvé : dans 83 % des seulement 43 analyses où il a été recherché (à noter que le fabricant de cet herbicide a longtemps fondé toute sa publicité sur la biodégradabilité* rapide de ce produit, qu'on ne devrait donc pas retrouver dans l'environnement!). Le dicamba, lui aussi rarement recherché, est retrouvé dans près de 20 % des 105 analyses où il a été recherché.

La présence très fréquente de toutes ces matières actives montre une contamination massive des eaux de surface par les pesticides.

1. SEQ : Système d'évaluation de la qualité. Le système SEQ Eau est un système d'évaluation de la qualité des eaux qui définit des listes de substances relatives à des objectifs de qualité.

Conséquence de la contamination des eaux de surface, les eaux des fleuves et donc les eaux côtières sont elles aussi polluées par les pesticides. Le tableau suivant nous montre les quantités estimées de pesticides de la famille des triazines (principalement atrazine, simazine et leurs métabolites) apportées par jour par les quatre fleuves français dans les mers ou océans dans lesquels ils se jettent.

Flux nets en kg/j d'herbicides de la famille des triazines apportés en zones côtières par les principaux fleuves français

Substance	Seine (campagnes des mois : 5/1991, 10/1993, 2/1995 et 6/1996)	Loire (campagne du mois : 6/1995)	Garonne (campagnes des mois : 2/1992, 6/1993, 5/1994)	Rhône (campagne du mois : 7/1992)
Atrazine	7 à 16	9 à 11	20 à 30	17
Déséthylatrazine	1 à 20	4	5	6
Simazine	4	3	1 à 26	7

Source : Ifremer et IFEN

Bien entendu, les triazines ne sont pas les seuls pesticides présents dans les eaux des fleuves et les eaux côtières, comme le confirment les chiffres ci-dessous.

Estimation des quantités de pesticides apportés par la Loire à son estuaire pour l'année 1998

Substance	Flux pondéré (kg/an)
Atrazine (H)	1 565
Déséthylatrazine (DEA) + déisopropylatrazine (M)	727
Terbuthylazine (H)	1 071
Tebutame (H)	483
Simazine (H)	848
Métolachlor (H)	637
Alachlore (H)	216
Fenpropidine (F)	1 385

H : herbicide, F : fongicide, M : métabolite

Source : 331

Les pesticides dans les eaux souterraines

Les substances du graphique ci-dessous ont été détectées dans les eaux souterraines durant la période 1997-1998. L'étude s'appuie sur des données des DDASS et des producteurs d'eau potable de la DIREN Alsace.

Substances les plus souvent quantifiées dans les eaux souterraines, en 1997 et 1998
Pourcentage des analyses dans lesquelles les pesticides ont été retrouvés

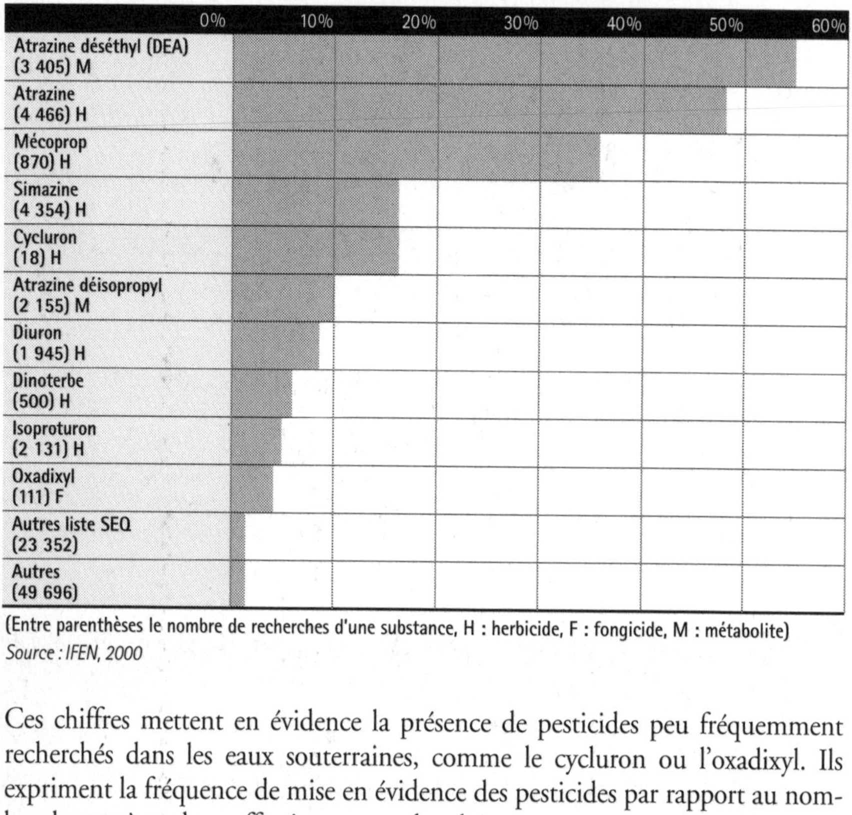

(Entre parenthèses le nombre de recherches d'une substance, H : herbicide, F : fongicide, M : métabolite)
Source : IFEN, 2000

Ces chiffres mettent en évidence la présence de pesticides peu fréquemment recherchés dans les eaux souterraines, comme le cycluron ou l'oxadixyl. Ils expriment la fréquence de mise en évidence des pesticides par rapport au nombre de cas où on les a effectivement recherchés.
Il en ressort que le DEA (métabolite de l'atrazine) est présent dans plus de 50 % des eaux où il a été recherché et l'atrazine elle-même dans 48 % d'entre elles.

On assiste donc bien à une contamination massive des eaux souterraines par les pesticides en France.

Cette contamination est bien sûr la cause de celle des eaux des réseaux de distribution. Ainsi, dans le seul département de l'Oise, d'après les résultats des analyses des eaux de captage pour la période 1994-1997, on estime à 200 000 environ les personnes qui buvaient une eau du robinet contenant des résidus de pesticides (9). D'après l'IFEN, en 1995, 219 unités de distribution d'eau desservant plus de 5000 habitants sur 2036 (11,1%) ont distribué à 5,37 millions d'habitants (12,6% de la population) une eau non conforme en raison de la présence de pesticides (10). Ce chiffre ne tient compte ni des foyers desservis par des unités plus petites, ni de ceux qui reçoivent une eau contenant des pesticides à une concentration inférieure à la CMA (concentration maximale admissible) de 0,1 µg/l/pesticide[2]. Rappelons, en effet, que l'enquête de l'IFEN publiée en 2000 a mis en évidence la présence d'atrazine ou d'un de ses métabolites dans plus de 50% des cas où on l'a recherchée dans les eaux souterraines. Il existe par ailleurs une grande disparité entre les régions, certaines étant quasiment indemnes alors que d'autres sont confrontées à une contamination de 80% des stations.

Une des conséquences de cette pollution très importante des eaux souterraines en France est que les eaux embouteillées commencent, elles aussi, à être polluées par les pesticides. Ainsi, une enquête du magazine *Que Choisir?* a mis en évidence en 2000 la présence d'atrazine et d'un de ses métabolites – à des doses certes très faibles – dans certaines eaux de source et minérales.

Contamination de certaines eaux embouteillées par les pesticides en 2000

Nom	Pesticides présents
EAUX DE SOURCE	
CRISTALINE source Lucheux (80)	0,02µg/l d'atrazine 0,03µg/l de DEA
PIERVAL (27)	0,03µg/l d'atrazine
EAUX MINÉRALES	
VOLVIC source Clairvic (63)	Traces d'atrazine
BADOIT (42)	0,02µg/l d'atrazine

Source (11)

2. La réglementation européenne (directive 98/83/CE) définit une concentration maximale admissible pour les substances individualisées dans l'eau de 0,1µg/l et pour le total des pesticides de 0,5µg/l. À noter que la directive européenne prend en compte les pesticides et leurs métabolites.

Les pesticides dans l'air, les brouillards et l'eau de pluie

Entre 1995 et 1996, l'INRA* de Rennes a installé des stations de mesure de pesticides dans les eaux de pluie. Les résultats furent accablants : presque tous les échantillons en contenaient et 60% d'entre eux dépassaient les 0,1 µg/l, concentration maximale admissible pour l'eau de distribution! Les brouillards sont aussi touchés, à des teneurs encore supérieures à celles des eaux de pluie : jusqu'à 14 µg/l, soit 140 fois la CMA de l'eau potable (12).
Un certain nombre d'études ont été réalisées sur ce sujet et les résultats concordent tous : la contamination est généralisée (voir annexe I). En effet, les pesticides pulvérisés sur les cultures n'atteignent pas en totalité leur cible, loin s'en faut. On estime que lors de la pulvérisation, 25 à 75 % des quantités appliquées partent dans l'atmosphère (13), d'où la contamination de l'air, des brouillards et des pluies.
Une étude réalisée en Hollande en 1998 (14) a établi la liste des pesticides trouvés dans les eaux de pluie de six points situés dans des environnements agricoles différents : grandes cultures, zone vouée à l'horticulture ou à l'arboriculture fruitière, zone de prairie, zone de culture légumière et serres. Au total, plus de 55 pesticides différents ont été retrouvés dans les eaux de pluie!
Cette étude révèle également la présence de pesticides comme l'endosulfan (interdit en 1988 aux Pays-Bas), l'heptachlore ou le DDE (produit de dégradation du DDT), interdits depuis des décennies! Cela l'amène à avancer l'hypothèse d'une contamination du fond de l'air de la planète.

Quels résidus dans nos aliments?

Les plantes cultivées étant les cibles des applications de pesticides, il n'y a rien d'étonnant à ce que l'on retrouve des résidus de ceux-ci dans les aliments végétaux (légumes, fruits, céréales). Il s'agit d'une contamination de fond de notre alimentation, puisqu'en France une enquête publiée en 2001 révélait que 50 % des fruits et légumes analysés contenaient des résidus de pesticides (15). Même s'il est probable que ce chiffre, obtenu à partir d'un échantillon non représentatif, est surévalué, il met en évidence la réalité de cette pollution. Cette même enquête a aussi révélé que pour les plus gros consommateurs des produits les plus pollués par certains pesticides (des poivrons), la dose de référence pour la toxicité aiguë était largement dépassée : plus de 6 fois cette dose pour les adultes et 17 fois pour les enfants !

Le cas des pesticides polluants organiques persistants (POPs)

Les polluants organiques persistants (POPs*) sont parmi les plus dangereux jamais produits. Cette catégorie comprend des produits chimiques industriels, des sous-produits de l'industrie et de l'incinération et également des pesticides organochlorés.

Les POPs ont des caractéristiques particulières qui en font des produits particulièrement nocifs :

– Ils sont persistants dans l'environnement;

– Ils s'accumulent dans les graisses du corps et se concentrent le long des chaînes alimentaires;

– Ils voyagent sur de longues distances dans les courants atmosphériques et les courants marins;

– Ils sont la cause de nombreux effets négatifs sur la santé des êtres humains et d'autres organismes vivants : cancers, altération du système immunitaire, problèmes de reproduction, etc.

Le Programme des Nations unies pour l'environnement (PNUE) a identifié une première liste de 12 POPs à éliminer, parmi lesquels 9 pesticides. Le PNUE a mis sur pied des négociations internationales qui ont débouché sur la signature en mai 2001 d'une convention internationale : la convention de Stockholm[1].

Les 9 pesticides de la liste établie par le PNUE sont interdits dans de nombreux pays, dont ceux de l'Union européenne et les États-Unis.

Les 12 POPs de la convention de Stockholm

Pesticides	Sous-produits de l'industrie et de l'incinération
Aldrine	Les PCB
Chlordane	Les dioxines
Endrine	Les furanes
DDT	
Dieldrine	
Heptachlore	
Hexachlorobenzène (HCB)	
Mirex	
Toxaphène	

1. Pour plus de détails sur la convention de Stockholm et les négociations sur les POPs, voir le tableau en annexe II, ainsi que les sites : www.mdrgf.org et www.cniid.org.
En langue anglaise voir : www.ipen.org ; www.panna.org ; www.worldwildlife.org/toxics/

Le dessin qui suit montre comment les POPs se concentrent en remontant les chaînes alimentaires. Les concentrations finales en bout de chaîne peuvent être des centaines de milliers de fois plus importantes que dans l'environnement initial ! En bout de chaîne alimentaire se trouvent tous les prédateurs, parmi lesquels l'homme.

La concentration des polluants organiques résistants (POPs) le long des chaînes alimentaires (exemple du DDD dans le Clear Lake en Californie)

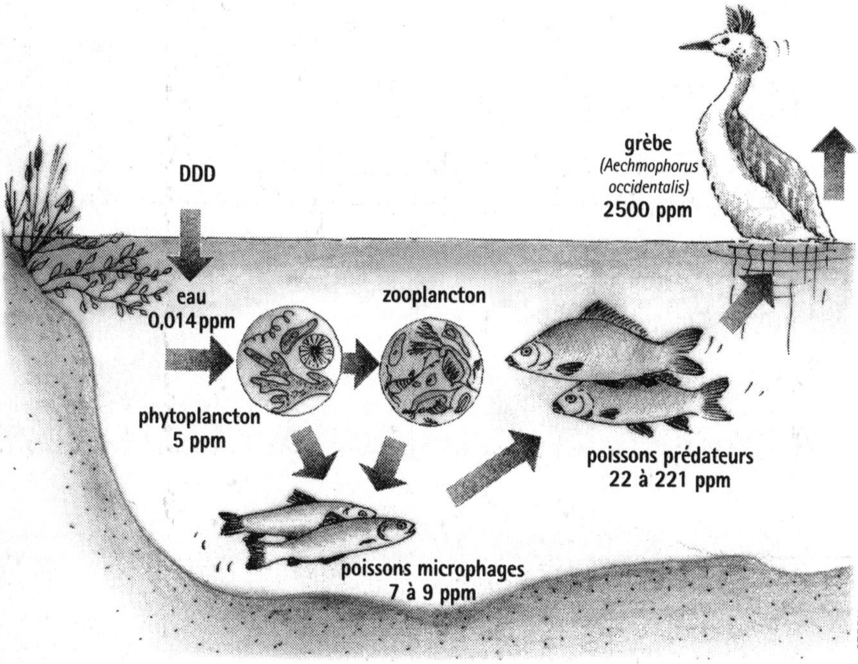

(1 ppm* = 1 mg*/kg)
Source (16)

L'homme est donc exposé à travers sa nourriture à des doses de POPs importantes. Aux États-Unis, la Food and Drug Administration (FDA*) a recensé les aliments les plus contaminés par les polluants. Les 10 aliments les plus contaminés contiennent 9 POPs différents, dont 8 pesticides.

Les 10 aliments les plus contaminés par les POPs aux États-Unis

	Chlordane	DDE	DDT	Dieldrine	Dioxine	Endrine	Heptachlore	HCB	Toxaphène
Beurre	●	●	●	●	●		●	●	
Melon cantaloup		●		●	●		●		●
Concombres	●	●		●		●	●		●
Pain de viande		●		●	●		●	●	
Cacahuètes		●		●				●	●
Popcorn	●			●					●
Radis	●	●	●	●		●	●		●
Épinards		●	●	●			●		●
Courge d'été	●	●		●		●		●	●
Courge d'hiver	●	●		●		●		●	●

Source (17)

En Europe aussi, les aliments sont contaminés par les pesticides POPs.

Contamination moyenne de la population par des pesticides POPs et par le HCH (hexachlorocyclohexane dont le lindane est l'un des isomères) dans quelques pays européens (en µg/personne/jour)

Pays/date	Total DDT	Total HCH	Aldrine + dieldrine	HCB
Pays-Bas (1988/1989)	1,0			0,2
Slovaquie (1995)	5,75			0,225
Espagne (1987/1990)	1,22	2,92	0,48	1,03
Suisse (1981/1983)	1,7	2,5	0,9	1,1

Source (18)

On ne dispose pas de chiffres pour la France, mais le niveau de pollution du lait maternel dans notre pays (voir p.42) laisse penser qu'on y relèverait des niveaux de contamination semblables.

Ces pesticides POPs, bien que n'étant plus utilisés dans les pays industrialisés depuis plus de vingt ans, sont bien présents dans les écosystèmes du monde entier et donc logiquement dans les aliments que nous consommons.

Le cas des pesticides organophosphorés : une étude hollandaise

L'association des consommateurs hollandais Consumentenbond et l'ONG environnementale Stichting Natuur en Milieu (la société hollandaise pour la nature et l'environnement) ont conduit une recherche sur l'exposition des consommateurs par les aliments aux pesticides possédant des propriétés neurotoxiques* (19).

Ces pesticides, les organophosphorés et les carbamates, attaquent tous le système nerveux de la même manière (en perturbant la transmission des influx nerveux par inhibition de la cholinestérase, voir chapitre VII). Leurs actions ont donc un effet cumulatif. Ils sont fréquemment trouvés dans les aliments sous forme de résidus (une étude de juillet 2000 trouvait jusqu'à sept de ces substances dans un seul échantillon de fraises!) et peuvent également contaminer l'homme par l'air et l'usage domestique d'insecticides.

L'étude du Consumentenbond et de Stichting Natuur en Milieu a voulu rendre compte des effets toxiques cumulatifs de ces substances en affectant à chacune d'entre elles un facteur d'équivalence de toxicité (TEF en anglais = Toxicity Equivalence Factor). Ces TEF ont été attribués après étude de la littérature scientifique disponible. Le chlorpyrifos s'est vu affecter le TEF de 1 et la toxicité de toutes les autres substances a été évaluée en fonction de celle de cette molécule. Ainsi l'acéphate, considéré comme 2 fois plus toxique, s'est vu attribuer un TEF de 2 et le fenitrothion, considéré comme 5 fois moins toxique que le chlorpyrifos, un TEF de 0,2.

L'étude a ensuite estimé les quantités de pesticides ingérées quotidiennement par différents segments de la population, quantités qu'elle a converties en quantité équivalente (µg)* de chlorpyrifos par kilo de poids corporel et par jour (µg/kg pc/j) en utilisant les TEF. Une distinction a été faite entre l'exposition chronique (à long terme) et une possible contamination aiguë (empoisonnement).

• Résultats pour l'exposition chronique

Les résultats ont été comparés avec la norme de l'EPA* (l'agence américaine de protection de l'environnement, l'équivalent de notre ministère de l'Environnement) pour les enfants de 0,1 µg/kg pc/j et celle du JMPR (Joint Meeting on Pesticides Research, une émanation de l'OMS* et de la FAO*) utilisée par l'Union européenne (UE*) de 10 µg/kg pc/j pour le chlorpyrifos. La norme utilisée par l'EPA tient compte de la sensibilité particulière des enfants aux organophosphorés et aux carbamates en appliquant un facteur 10 de précaution alors que la norme utilisée dans l'UE n'applique aucune précaution particulière pour les enfants.

Il résulte de l'étude hollandaise que les adultes absorbent en moyenne 0,66 µg TEF/kg pc/j et les enfants 1,77 µg/kg pc/j soit respectivement plus de 6 fois et plus de 17 fois la quantité maximale autorisée par l'EPA pour les enfants.

De plus, chaque jour, 2% des enfants, soit 20000 enfants en Hollande, reçoivent une dose supérieure à la dose journalière admissible (DJA*) en vigueur en Europe pour ces pesticides organophosphorés.

• Résultats pour l'exposition aiguë

L'EPA fixe une norme pour l'intoxication aiguë à 1,7 µg/kg pc/j. D'après les résultats, cette norme serait dépassée par 0,5% de la population générale et par 2% des enfants.

Cela signifie qu'en Hollande, chaque jour, environ 20000 enfants de 0 à 6 ans pourraient souffrir de symptômes d'empoisonnement par la consommation de fruits et de légumes!

La norme utilisée dans l'UE (100 µg/kg pc/j) n'est jamais dépassée.

Les auteurs de l'étude considèrent en conclusion que les normes utilisées en Europe ne sont pas suffisantes pour assurer la sécurité de la population et particulièrement celle des enfants qui encourent des effets sur le développement du cerveau pouvant conduire à des problèmes comportementaux ou cognitifs ultérieurs.

Ils considèrent par ailleurs que les résidus de pesticides dans la nourriture ne peuvent pas être tolérés et que leur absence totale devrait être garantie. Dans cette étude, les aliments responsables des apports en pesticides organophosphorés ou carbamates les plus importants étaient les suivants :

Produit	Pesticide	Quantité max. détectée en mg/kg	Pays d'origine
Pommes	Diméthoate	0,41	France
	Phosalone	5	France
	Mevinphos	0,04	Hollande, Nouvelle- Zélande
Épinards	Diméthoate	1,52	Hollande
	Mevinphos	0,47	Hollande
	Parathion	4,4	Hollande
Raisins	Diméthoate	1,19	Italie
	Monocrotophos	0,23	Chypre
	Parathion	0,36	Italie

Source (19)

Une étude du même genre a été conduite aux États-Unis par l'ONG américaine EWG (20). Elle a conclu que dans ce pays, plus de 600 000 enfants de moins de 6 ans absorbaient chaque jour une dose de pesticides organophosphorés supérieure au maximum toléré par l'EPA et que 61 000 d'entre eux absorbaient plus de 10 fois cette dose.

Il y a de fortes probabilités que la situation soit la même en France. En effet, les résultats de l'étude de l'Union européenne ci-dessous montrent que nos aliments sont fortement contaminés par les pesticides organophosphorés. Des dizaines de milliers d'enfants français doivent donc absorber des quantités de pesticides organophosphorés nuisibles à leur santé ! Il serait urgent qu'une étude similaire soit conduite en France.

Les pesticides dans les aliments d'origine végétale en France et en Europe

La Direction générale Santé et protection du consommateur de l'Union européenne (DG SANCO) a réalisé une étude de contrôle des résidus de pesticides dans les produits d'origine végétale dans l'UE, la Norvège et l'Islande pour l'année 1999 (15). Cette étude rend compte des résultats des études nationales de contrôle des résidus de pesticides réalisées dans ces pays. Les résultats sont résumés dans le tableau suivant, les pays étant classés par pourcentage décroissant de résidus mis en évidence :

Les pesticides dans les aliments d'origine végétale en Europe

Rang	Pays	Nombre d'échantillons analysés	Nombre de pesticides recherchés	Nombre de pesticides trouvés	% de pesticides trouvés	Nombre d'échantillons avec des résidus	%	Dont échantillons avec résidus supérieurs aux LMR* (limites maximales de résidus nationaux ou de l'UE)	%
1	Autriche	597	92	52	37	299	50,1	64	11
2	France	4 553	228	115	50	2 255	49,5	377	8,3
3	Luxembourg	231	91	32	35	112	48,5	11	4,8
4	Finlande	2 460	182	101	55	1 170	47,6	135	5,5
5	Irlande	232	80	39	49	110	47,4	13	5,6
6	Pays-Bas	1 419	323	97	30	671	47,3	148	10
7	Islande	304	38	28	74	141	46,4	10	3,3
8	Belgique	1 035	138	61	44	473	45,7	77	7,4
9	Espagne	3 325	176	70	40	1 285	38,6	118	3,5
10	Suède	3 046	204	74	36	1 152	37,8	73	2,4
11	Allemagne	6 617	103	61	59	2 501	37,8	393	5,9
12	Royaume-Uni	1 372	180	83	46	512	37,3	39	2,8
13	Portugal	648	100	28	28	220	34	31	4,8
14	Danemark	2 287	133	67	50	774	33,8	45	2
15	Norvège	3 091	156	73	47	1 031	33,3	60	1,9
16	Grèce	1 422	123	47	38	468	32,9	68	4,8
17	Italie	7 938	67	34	51	1 566	19,7	75	0,9
Total	UE + Norvège + Islande	40 577	142	62	44	14 740	36,3	1 737	4,3

Source (15)

Il faut noter que les programmes de contrôle des résidus de pesticides réalisés dans les 15 pays de l'UE étaient assez différents d'un pays à l'autre (différence dans le nombre de pesticides recherchés, les méthodes utilisées…). Cela limite la validité des comparaisons des résultats des différents pays entre eux. Les limites maximales de résidus (LMR) sont les concentrations maximales de résidus légalement permises pour un pesticide donné. Elles sont exprimées en mg/kg. Elles peuvent également différer d'un pays à l'autre et entre un pays donné et l'UE.

Néanmoins, ce document montre clairement que les aliments d'origine végétale en France sont fréquemment contaminés par des résidus de pesticides : **près de 50 % des échantillons français analysés sont contaminés par des résidus de pesticides et plus de 8 % sont contaminés à des teneurs supérieures aux LMR!**

Ce chiffre est sans doute supérieur à l'état réel de la contamination moyenne des aliments car les analyses ont été effectuées sur un échantillonnage ciblé sur des produits dits à risque. Il montre néanmoins l'existence d'une contamination massive extrêmement inquiétante, la France étant le deuxième pays de ce triste classement.

De plus, près de 23 % des échantillons français contiennent deux ou plusieurs pesticides différents, comme le montre le tableau suivant.

Nombre de pesticides trouvés	0	1	2	3	4	5	6	7	8 et plus
Nombre d'échantillons concernés	2298	1222	531	304	122	40	23	11	2

Source (15)

Les pesticides les plus fréquemment trouvés dans les échantillons français de cette étude sont des fongicides : iprodione, manèbe et autres carbonates, vinclozoline, benomyl, imazalil, procymidone, thiabendazole, ainsi que des insecticides : chlorpyrifos, chlorprophame, phosalone…

Quels pesticides dans quels aliments : le bilan 1999 de la DGCCRF

En France, en 1999, la DGCCRF* a analysé 4825 échantillons[1] de produits végétaux dont la plupart font l'objet de plans de surveillance.

Ces prélèvements ciblés ne sont pas représentatifs du marché et les pourcentages d'aliments contaminés par les pesticides (au-dessus et au-dessous des LMR) représentés graphiquement ci-contre ne sont communiqués ici qu'à titre indicatif.

L'intérêt principal de cette étude est de fournir, pour les aliments contaminés par des quantités de pesticides supérieures aux LMR, le nom des pesticides présents. Cela nous donne donc une image précise de la nature de la contamination et des produits incriminés.

1. Les 4553 échantillons pris en compte par l'étude de l'Union européenne mentionnée plus haut en font partie.

Résidus de traitements dans les végétaux : résultats des analyses

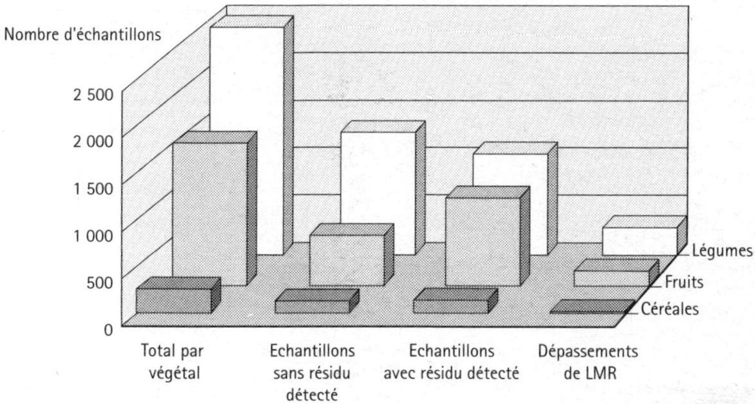

Source : DGCCRF, résidus de produits de traitements dans les végétaux, bilan 1999

Aliments	Pesticides les plus fréquemment trouvés dans les végétaux lorsque les résidus dépassaient les LMR
Citrons	Insecticides : méthidation, dicofol, tétradifon, pyridafenthion et prothiophos. Fongicides : imazalil, orthophényl phénol, thiabendazole, propiconazole, pyriméthanil
Clémentines	Chlorpyrifos éthyl, imazalil
Oranges et pamplemousses	Fenthion, pyridafenthion, dicofol, phosmet, chlorpyrifos éthyl (oranges)
Pommes	Bifenthrine, thiabendazole, pentachloroanisole, orthophénylphénol
Poires	Chlorméquat, diethofencarb, orthophénylphénol
Pêches	Benzimidazoles, iprodione, marathion méthyl, lambda cyhalothrine
Cerises	Diméthoate, ométhoate, fluvalinate, dithiocarbamates.
Fraises	Tétradifon, carbendazime, iprodione, diméthoate
Raisins	Iprodione, diméthoate
Cassis	Dithiocarbamates
Bananes	Bitertanol, chlorpyrifos, thiabendazole, imazalil
Carottes	Diéthon, dieldrine, vinclozoline, procymidone
Légumes bulbes	Hydrazide maléique
Tomates	Dicofol, bupirimate, ométhoate, tétradifon, endosulfan, pyriméthanil
Poivrons et aubergines	Méthamidofos, endosulfan, parathion, pyrimiphos
Cucurbitacées	Dieldrine
Melons	Méthamidofos, acéphate
Haricots verts	Vinclozoline, dithiocarbamates, chlorothalonil, bromopropylate
Choux	Dithiocarbamates, thiabendazole, procymidone
Salades	Dithiocarbamates, dicarboximides, oxadixyl, metalaxyl, folpet, chlorothalonil, acéphate, chlorpyrifos éthyl, ométhoate, quintozène, bromure de méthyl
Endives	Thiabendazole, carbendazime, oxadixyl

... *suite p. 34*

...

Épinards, blettes	Endosulfan, bromopropylate, iprodione, procymidone, dithiocarbamates
Fines herbes	Parathion méthyl, dichlorvos, méthiocarbe, acéphate, deltamétrine, pyrimethanil, vinclozoline, oxadixyl, procymidone, chlorthal
Poireaux, céleris	Ométhoate, hepténophos, procymidone, chlorothalonil, iprodione
Champignons	Chlorothalonil, carbendazime, procymidone, dithiocarbamates
Pommes de terre	Chlorprophame, thiabendazole, imazalil
Lentilles	Glyphosate
Thés	DDT, fenvalérate (thés d'Asie)
Céréales	Chlorpyrifos méthyl, deltamethrine, dichlorvos, malathion, pipéronide butoxyl, pyrimiphos méthyl

Raisins non bio, gare aux pesticides !

Pour ceux qui croiraient encore les affirmations rassurantes du genre "on ne trouve plus que rarement des résidus de pesticides aujourd'hui", une étude effectuée l'an dernier par une association hollandaise (Stichting Natuur en milieu) remet les pendules à l'heure. Cette association a analysé 100 échantillons – pas moins – de raisin de table provenant d'Italie, de Grèce et de France. Les résultats sont édifiants :
– 70 % des échantillons contenaient au moins un résidu de pesticide ;
– 35 % des échantillons contenaient des résidus supérieurs à la LMR (le maximum toléré par la réglementation) ;
– 31 % des échantillons contenaient des résidus de 4 pesticides différents ou davantage.
Les résultats sont aussi mauvais quelle que soit la provenance. Trois échantillons seulement de raisin français ont été analysés : chacun d'eux contenait des résidus d'au moins 2 pesticides et l'un d'eux en renfermait 5 ! Dans chaque échantillon, un des résidus dépassait la LMR.

Des organochlorés dans les huîtres et les moules

La pollution des eaux côtières par les pesticides contamine les huîtres et les moules de nos côtes en pesticides POPs comme le DDT ou le lindane.

Moyennes de contamination par façade maritime (1979-1994)* exprimées par rapport au poids sec

	Manche-Atlantique		Méditerranée
	Huîtres	Moules	Moules
Gamma HCH (Lindane) (µg/kg)	6,5	5,3	3,5
Alpha HCH (µg/kg)	1,8	1,2	1,2
DDT (µg/kg)	31,5	25,3	85,4

Source : Résultats de contamination de la matière vivante, moyenne RNO 1979-1994, Données agrégées, Ifremer

Nos maisons contaminées

Nos maisons ne sont pas des abris étanches contre les pesticides. De nombreuses enquêtes ont prouvé que nos domiciles en contiennent presque toujours. Ainsi, une enquête américaine a mis en évidence la présence d'au moins un pesticide dans l'air des maisons étudiées (21). Une autre a trouvé de 8 à 18 pesticides différents par habitation (22) ! En Europe, c'est la même chose, même si l'on ne dispose pas de données françaises... apparemment faute d'études réalisées dans notre pays. Une étude allemande a révélé la présence de perméthrine dans 90 % des foyers étudiés (23).

Plus grave encore, l'air de l'intérieur des maisons semble être plus contaminé par les pesticides que l'air extérieur (24). D'où vient cette apparente contradiction alors que les pesticides sont dans leur immense majorité utilisés à l'extérieur ? De nombreux produits de traitement sont pulvérisés par les jardiniers amateurs à proximité de leur maison, ce qui conduit à augmenter sensiblement les résidus de ces pesticides dans ces habitations, comme l'a montré une étude récente (25). Dans cette étude, l'herbicide 2,4-D était présent dans l'air de toutes les maisons après son utilisation à l'extérieur, alors qu'il n'y en avait pas auparavant. Les chercheurs ont montré que les pesticides rentrent dans la maison principalement avec la poussière et les particules de terre apportées de l'extérieur par les animaux domestiques et les occupants. Ce sont ensuite ces poussières et particules remises en suspension dans l'atmosphère des habitations qui constituent la principale source de pollution domestique de l'air par les pesticides. Les bébés et les jeunes enfants sont les plus exposés : ils cumulent en effet les risques. D'abord, ils passent beaucoup de temps à la maison et augmentent ainsi leur durée d'exposition ; ensuite, ils jouent sur des planchers ou des moquettes sur lesquels se sont déposés les résidus de pesticides, les respirent et les ingèrent. Certains auteurs estiment que les enfants courent un risque associé à l'exposition au moins 12 fois supérieur à celui couru par des adultes à cause notamment de leur plus faible poids et de la quantité supérieure de poussières ingérées (26). Notons enfin que certains résidus de pesticides peuvent persister jusqu'à quatre ans dans les tapis et que ni le nettoyage à sec ni les aspirateurs ne peuvent en réduire significativement la concentration (27).

Enfin, les pesticides présents dans les maisons peuvent avoir été utilisés à l'intérieur même. C'est le cas des insecticides ménagers, qui sont largement utilisés : plus de 80 % des poussières collectées pour une étude allemande en contenaient (28). Ils sont utilisés sous forme de poudres, de solutions à pulvériser, de boîtes appâts ou de bombes aérosol et contiennent toutes sortes de substances actives et de synergisants comme le dichlorvos, le chlorpyrifos, le propoxur, le pipéronyl butoxide, etc. On les trouve également dans les colliers antiparasites de nos animaux domestiques. Là encore, ce sont les jeunes enfants, qui respirent les couches d'air les plus basses, à la concentration en résidus de pesticides la plus forte, qui sont les plus exposés. Comme on pouvait s'y attendre, les enfants qui vivent dans des exploitations agricoles sont particulièrement exposés (29).

chapitre **3.** Pesticides : notre corps en est imprégné

« J'estime avoir une alimentation saine. Je mange des légumes frais, beaucoup de fruits et très peu de viande. Or, la semaine dernière, j'ai découvert que mon corps hébergeait un cocktail de produits chimiques dangereux. Si j'étais enceinte, ces produits pourraient être transmis à mon bébé. »

Ainsi s'exprime la journaliste Lucy Johnston après avoir fait analyser dans un laboratoire médical londonien un échantillon de ses tissus adipeux pour y détecter la présence de polluants toxiques. Tout adulte européen héberge aujourd'hui jusqu'à 500 produits chimiques industriels différents qui se sont accumulés dans sa masse corporelle adipeuse. Beaucoup d'entre eux sont des pesticides (30). Plus de 350 substances chimiques différentes ont été retrouvées dans le lait maternel à ce jour (31).
La contamination généralisée de l'environnement (air, eau de pluie, eau de boisson…) et de la nourriture par les pesticides rend inévitable la contamination de l'être humain par ces substances.

Les POPs omniprésents

Les substances les plus souvent retrouvées dans les organismes humains sont bien sûr les pesticides les plus persistants, qui ont la propriété de s'accumuler dans les organismes vivants : les POPs* (polluants organiques persistants) déjà évoqués se concentrent dans les graisses le long des chaînes alimentaires, à des teneurs de plus en plus importantes.
Depuis 1980, plus de 150 études réalisées dans 61 pays et régions du monde ont trouvé des POPs dans les tissus adipeux, le cerveau, le sang, le lait maternel, le foie, le placenta, le sperme et le sang du cordon ombilical des êtres humains.
Dans tous les pays où des études ont été réalisées, on trouve des POPs, comme le montre la carte ci-après.

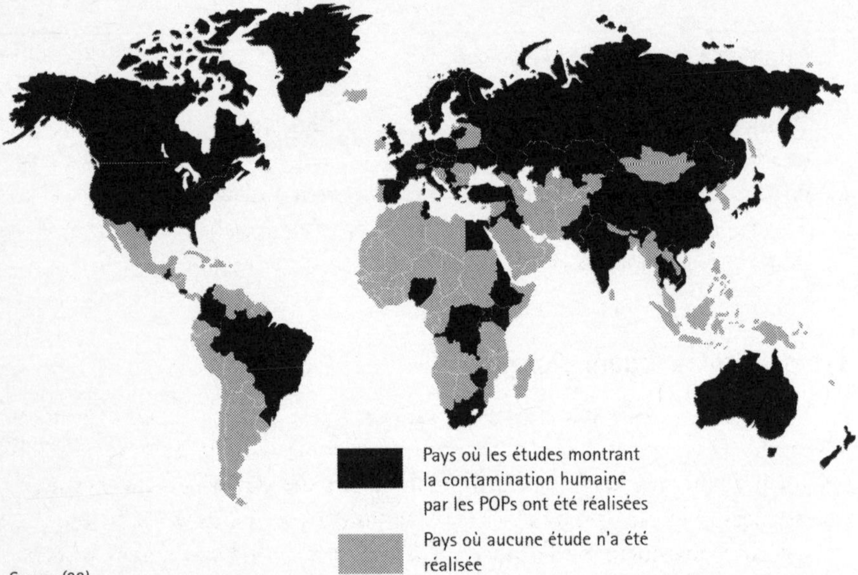

Source (32)

On trouvera ci-après les principaux pesticides présents dans divers tissus humains et dans divers pays, cette liste n'étant bien entendu pas exhaustive.

Pesticides persistants trouvés dans le corps humain

Pesticides POPs	Tissus où le pesticide a été retrouvé	Références
Aldrine	Sang, graisse, lait	33, 34
Chlordane	Graisse, lait,	34a
Chlorpyriphos	Méconium (1)	34a, 34b
Dieldrine	Graisse, lait, sang	34, 34c, 34d, 34e
DDT	Graisse, lait, sang, liquide amniotique, colostrum, sérum ombilical, méconium	34, 34d, 34e, 39
2,4-D	Urine Sperme	34c, 34g
Endrine	Sang	34, 34h
Hexachlorocyclohexane (HCH)	Graisse, lait, sang	34, 34d, 34e, 34i
Lindane	Graisse, lait, méconium	34, 34b, 34d, 34e, 34j
Heptachlore	Lait	34, 34d,34e, 35
Malathion	Méconium	34b
Mirex	Graisse, sang	36
Nonachlore	Graisse, sang	34a, 34c
Pentachlorophénol	Urine	34c
Toxaphène	Graisse	34f

(1) Matières fécales contenues dans l'intestin du fœtus et expulsées peu après la naissance.

En France, les principaux polluants du lait maternel, qui est un bon indicateur de la pollution de l'ensemble dc l'organisme, sont le HCH et le DDT.
Il faut noter que ces pesticides ne sont plus utilisés depuis près de trente ans. La contamination peut donc être ancienne ou s'effectuer par des produits importés et par l'environnement (air, eau…). En Grande-Bretagne, en 1997, 99 % des échantillons de tissus adipeux contenaient un dérivé de DDT (31). La situation doit être semblable en France.

Les pesticides organophosphorés

Une étude, réalisée en 1999 aux États-Unis, a mis en évidence la présence de résidus de pesticides organophosphorés dans les urines d'un échantillon de personnes représentatives de la population américaine (37). Ont été recherchés : les métaux lourds (plomb, mercure, cadmium), la cotinine (métabolite* de la nicotine, marqueur de l'exposition à la fumée de tabac), des métabolites de pesticides organophosphorés, des métabolites de phtalates.
Environ 75 % des organophosphorés se métabolisent en six différents composés qui ont tous été recherchés dans cette étude : le diméthylphosphate (DMP), le diméthylthiophosphate (DMPT), le diméthyldithiophosphate (DMDTP), e diéthylphosphate (DEP), le diéthylthiophosphate (DEPT) et le diéthyldithiophosphate (DEDTP).
Les urines de toutes les personnes testées contenaient plusieurs de ces métabolites. Alors que la présence d'organochlorés est souvent le résultat d'une accumulation au fil du temps, la présence dans les urines de métabolites des organophosphorés reflète une exposition à des pesticides dans les jours précédant l'analyse.
Ces résultats montrent une contamination générale actuelle de la population, à la fois par la nourriture et par l'usage domestique d'insecticides organophosphorés.

Des pyréthrinoïdes dans les urines en Allemagne

Les pyréthrinoïdes sont utilisés à la fois en agriculture, en jardinage et comme insecticides domestiques. Parmi les plus utilisés, citons la cyperméthrine, la cyfluthrine et la deltaméthrine. L'exposition de la population aux pyréthrinoïdes a lieu par des résidus dans l'alimentation, mais aussi par l'inhalation ou l'ingestion de poussière contaminée après une application à l'intérieur des maisons. Ils sont rapidement métabolisés et éliminés par les reins.

Une étude allemande publiée en mars 2001 (38) s'est intéressée aux métabolites de pyréthrinoïdes présents dans les urines d'un large échantillon de la population urbaine de Francfort. Les personnes retenues pour l'expérience n'étaient exposées à ces insecticides ni par leur profession ni par un usage domestique. Leurs urines n'en étaient pas moins contaminées dans la majorité des cas.
Les différents métabolites ont été trouvés dans les proportions suivantes :

Métabolites de pyréthrinoïdes recherchés	Pourcentage des échantillons dans lesquels ils ont été retrouvés
Trans-CL2CA	65 %
Cis-CL2CA	30 %
Br2CA	19 %
F-PBA	16 %

Source (38)

Nous ne disposons pas de chiffres pour la France, mais la situation doit y être comparable.

De la mère au fœtus

Une étude réalisée en 1998 en Australie a cherché à mettre en évidence la transmission de résidus de pesticides et d'autres polluants comme les PCB et les métaux lourds de la mère à l'enfant pendant la grossesse (34b). Pour cela, des échantillons de méconium ont été prélevés chez une cinquantaine de nouveau-nés, puis analysés. Les pesticides recherchés étaient le diazinon, le pentachlorophénol (PCP), le lindane, le chlorpyrifos, le malathion, le parathion, le chlordane et le DDT.

Les résultats ont de quoi inquiéter : sur 44 échantillons analysés,
– 35 (soit 78 %) contenaient du lindane (tous les échantillons provenant de bébés de moins de 2,5 kg en contenaient) ;
– 19 (soit 43 %) contenaient du PCP ;
– 26 (soit 59 %) contenaient du chlorpyrifos ;
– 15 (soit 34 %) contenaient du malathion ;
– 7 (soit 16 %) contenaient du chlordane ;
– 23 (soit 52 %) contenaient du DDT ;

– Aucun échantillon ne contenait du diazinon ou du parathion;
– En moyenne, 3 pesticides (de 1 à 6) ont été retrouvés chez chaque bébé.

Notons que le DDT, le lindane et le chlordane n'étaient plus utilisés depuis des années (respectivement depuis 1981, 1985 et 1995). Cette étude montre que la contamination des organismes humains par de nombreuses familles de pesticides entraîne la contamination des fœtus, contamination d'autant plus inquiétante qu'il s'agit d'êtres humains en formation.
On sait par ailleurs que le fœtus est infiniment plus sensible aux polluants que l'adulte.

Une autre étude, menée à Los Angeles, a mis en évidence, dans 30% des cas étudiés, la présence de DDE (produit de dégradation du DDT) dans le liquide amniotique où baigne le fœtus pendant la grossesse (39). Plus grave, dans cette étude, les concentrations de DDE trouvées allaient de 0,1 à 0,63 nanogramme* par millilitre. Cette dernière valeur est égale à 50% de la quantité d'hormone naturelle (testostérone) qu'on devrait trouver chez le fœtus mâle. À cette concentration, le DDE est donc susceptible de perturber la fixation de la testostérone sur les récepteurs appropriés (voir chapitre VII). Reste à savoir quelle est la concentration réelle de DDE dans l'organisme du fœtus. C'est une des prochaines tâches de l'équipe qui a réalisé cette étude. Elle cherchera également à mettre en évidence d'éventuelles conséquences de la présence de DDE sur le développement neurocomportemental des bébés.

La question de l'allaitement

Le lait maternel est un aliment irremplaçable pour le nourrisson. En effet, il contient des nutriments essentiels à son développement, à sa croissance, à ses défenses immunitaires et à sa santé en général. Il a été démontré que les enfants ayant été nourris au sein sont plus résistants aux diverses maladies et infections que ceux qui ont été élevés avec du lait maternisé. Ils ont également moins de risques de développer des maladies graves du type maladies de cœur ou cancers avant l'âge de 15 ans (40). L'allaitement est également bénéfique pour la mère. Il l'aide à perdre du poids après l'accouchement, réduit son risque de développer un cancer du sein ou de l'utérus. Il lui procure également un meilleur équilibre psychologique en améliorant sa relation avec son bébé et en lui permettant de vivre une expérience psychologique inégalable.

Si l'allaitement reste la meilleure nutrition pour le bébé, les bénéfices qui s'y rattachent peuvent être minorés par la présence de nombreux polluants contenus dans le lait maternel, parmi lesquels des pesticides. Les pesticides les plus souvent mis en évidence sont ceux qui sont solubles dans les graisses. Ces pesticides liposolubles* sont ingérés à petites doses et s'accumulent dans les tissus adipeux car leur dégradation dans l'organisme est faible ou donne naissance à une autre substance souvent chimiquement proche (transformation du DDT en DDE par le foie, par exemple). Ils peuvent être "mobilisés" avec les lipides lors de l'utilisation de ces derniers au moment de la lactation. De ce fait, les teneurs en DDT/DDE du lait maternel sont souvent de 6 à 7 fois supérieures à celles du sang de la mère. L'allaitement devient alors pour celle-ci une façon de se débarrasser d'une partie de son "capital" en polluants persistants… en le transmettant à son enfant lors de la tétée!
Les pesticides trouvés dans le lait maternel sont principalement les pesticides organochlorés persistants (POPs) dont nous avons parlé en début de chapitre : chlordane, DDT, dieldrine, aldrine, endrine, hexachlorobenzène, heptachlore, mirex, toxaphène.

Ces pesticides étant interdits dans les pays occidentaux depuis le début des années 1970, les niveaux de contamination du lait maternel y ont fortement baissé depuis, mais ils restaient relativement élevés plus de vingt ans après cette interdiction. Le graphique ci-après nous montre l'évolution de la contamination du lait maternel par les pesticides organochlorés en France.

Contamination du lait maternel par les insecticides organochlorés en France

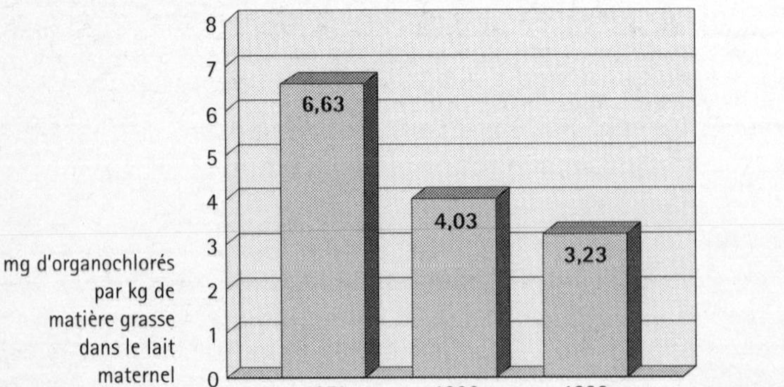

Source (34, 34d, 34e)

L'observation des taux de DDT dans le lait maternel des femmes des différents pays nous permet en fait d'avoir une bonne idée du niveau de pollution de l'environnement de ces pays par ce pesticide. En effet, il existe de grandes disparités dans la contamination du lait maternel par le DDT à travers le monde. Certains pays qui l'utilisent encore comme moyen de contrôle du moustique vecteur de la malaria connaissent encore des taux élevés de DDT dans l'environnement, donc dans les organismes et par conséquent, *in fine*, dans le lait maternel. Ainsi, selon l'OMS*, en 1987, un nourrisson allaité pendant 6 mois ingérait 29 mg* de DDE en Hongrie, 14 mg au Guatemala et 4 mg aux Philippines et en Suède. Ces quantités ont diminué depuis les années 1970 (voir tableau ci-dessous).

Le DDT dans le lait maternel dans le monde dans les années 1970

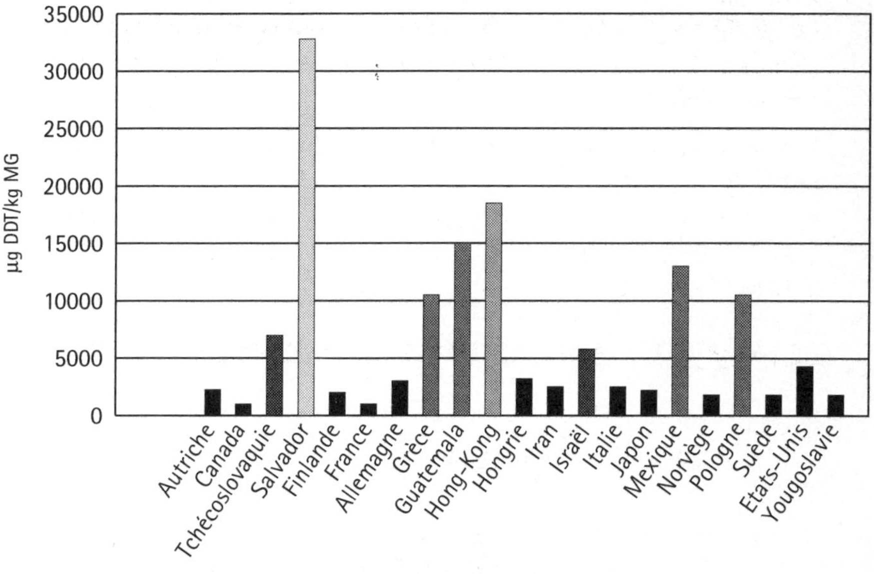

Source (40)

Dans certaines régions, l'utilisation toujours existante du DDT, parfois malgré les restrictions ou les interdictions de l'usage agricole, conduit à des contaminations locales très fortes. Le graphique ci-dessous nous montre la situation au Zimbabwe. Le lait est beaucoup plus pollué dans la région du Kariba que dans le reste du pays car cette région est la seule dans laquelle on emploie encore le DDT pour contrôler le vecteur de la malaria.

Le DDT dans le lait maternel au Zimbabwe (1994)

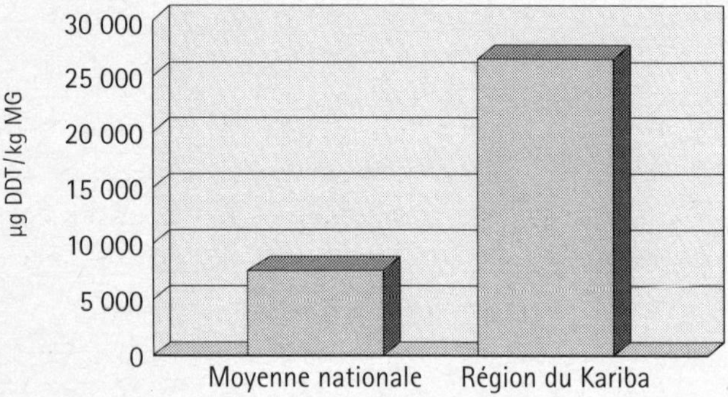

Source (40)

D'une manière générale, les zones où les taux de DDT et de divers autres POPs sont les plus élevés font partie des régions du monde les moins développées. Interdits dans les pays développés, ces pesticides sont en effet toujours utilisés dans certains pays en voie de développement. Heureusement, la convention de Stockholm de mai 2001 devrait permettre d'améliorer la situation quand 50 pays l'auront ratifiée… et qu'elle sera réellement appliquée. Ses annexes devront s'étendre à certains pesticides qui n'y figurent pas encore comme le lindane.

La contamination du foetus *in utero* et, dans une moindre mesure, du nouveau-né par l'allaitement, peut avoir des conséquences catastrophiques sur le développement du bébé, lorsque le niveau de pollution dépasse un certaine seuil, malheureusement mal connu. Au premier rang des dangers : l'action des pesticides organophosphorés sur le système nerveux en plein développement, et les effets de perturbation du système hormonal.

La divagation des molécules

Au milieu des années 1980, des scientifiques canadiens s'aperçurent à leur grande surprise que les Inuits* du Grand Nord canadien, vivant pourtant à l'abri de toute pollution agricole ou industrielle, avaient des taux élevés de certains POPs dans le sang et les tissus adipeux. Parmi ces POPs figuraient, en plus de composés industriels ou des sous-produits de l'incinération comme les dioxines ou les PCB, de nombreux pesticides. Dieldrine, DDT, toxaphène, chlordane et hexachlorocyclohexane furent ainsi trouvés à hautes doses dans leurs organismes. D'où sont venus ces polluants? Ils sont arrivés dans l'Arctique par un phénomène de "distillation" atmosphérique, s'évaporant des régions les plus chaudes pour retomber dans les régions polaires plus froides, après condensation. Ces composés peuvent ainsi effectuer de véritables "sauts de puces" de plusieurs milliers de kilomètres, s'évaporant pour se déposer plus loin avant de s'évaporer de nouveau, etc. Le schéma page suivante illustre ce phénomène de transport atmosphérique des POPs et plus généralement des composés organochlorés.

Les POPs trouvés dans l'extrême nord du Canada peuvent ainsi provenir de régions aussi éloignées que les États-Unis ou même le golfe du Mexique (42)! Une fois arrivés en Arctique, ces POPs s'accumulent dans l'environnement grâce à leur propriété de persistance. Ils se concentrent ensuite dans les graisses animales en suivant les chaînes alimentaires au bout desquelles se trouvent les prédateurs, dont l'ours… et l'homme. Une étude a montré que les ours du Groenland et du nord du Canada ont dans le corps différents pesticides organochlorés comme du DDT, de la dieldrine, du chlordane (43)…

Les indigènes du nord du Canada ingèrent donc de grandes quantités de POPs car ils consomment la nourriture traditionnelle, principalement les produits de la chasse ou de la pêche : poissons, mammifères marins… Une nourriture essentielle pour les Inuits pour des raisons de santé, mais aussi sociales et économiques. De par cette alimentation, les Inuits ont dans leur organisme des quantités de POPs bien supérieures au niveau considéré comme dangereux par le ministère de la Santé canadien. Là encore, ce sont les enfants les plus menacés en raison des quantités absorbées avant la naissance et au cours de l'allaitement. Les concentrations d'organochlorés (DDE, mirex, chlordane…) dans le lait

Transport des organochlorés (OC) vers les pôles

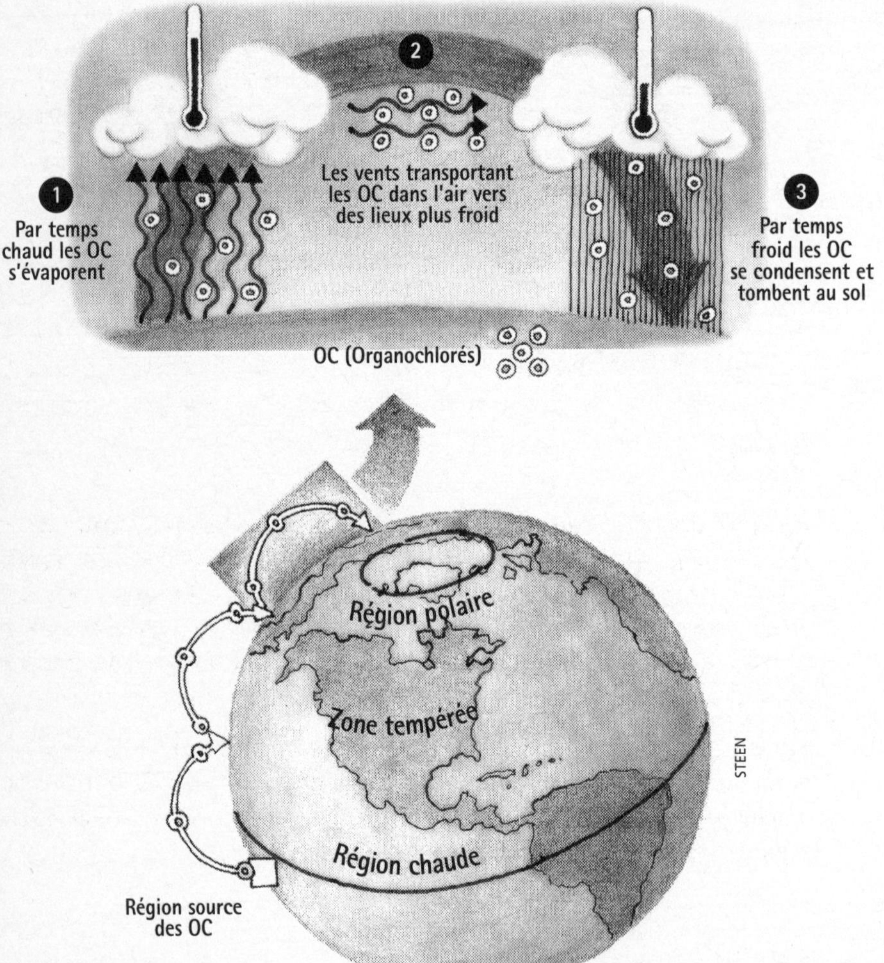

Source (41)

Exemple de chaîne alimentaire dans l'Artique

Source (43)

maternel des Inuits du Nunavik* sont de 2 à 10 fois supérieures à celles mesurées dans les populations du sud du Canada (45). Quatorze pesticides organochlorés ont été mis en évidence dans les graisses d'Inuits du Groenland, certains à des concentrations de 3 à 34 fois plus importantes que celles trouvées chez les habitants de la ville de Québec (46) ! Nous verrons loin quels problèmes de santé pose cette contamination.

Les études restent trop rares (surtout en France!) pour avoir une vision réelle de la contamination des organismes humains par l'ensemble des pesticides employés en agriculture. Néanmoins, les données qui viennent d'être exposées montrent que cette contamination est réelle et inquiétante.

chapitre **4.** Intoxications aiguës, affections dermatologiques et respiratoires

Mme X habite dans un petit village du Finistère. Elle vit à côté d'une exploitation agricole qui possède une plantation de pommiers conduits en arboriculture intensive. Ces pommiers reçoivent plus de trente traitements phytosanitaires par an. Ce jour là, son voisin arboriculteur asperge ses arbres d'insecticide. Malheureusement, il y a beaucoup de vent et celui-ci rabat le brouillard formé par le pesticide en direction de Mme X qui se trouve dehors. Au bout de quelques minutes, elle commence à avoir un peu de mal à respirer. Puis une sensation d'étouffement la saisit : elle panique. Elle sera conduite à l'hôpital d'urgence.

Expression de la toxicité aiguë des pesticides

La toxicité aiguë d'une substance est exprimée par la DL 50 (dose létale 50). La DL 50 est la quantité de matière active nécessaire pour tuer 50% d'une population de rats de 1 kg de poids. Plus elle est élevée, moins le produit est toxique, et inversement. Par ailleurs, des codes sont attribués aux différents produits en fonction des risques particuliers, non nécessairement liés à une toxicité aiguë, qu'ils présentent [1]. Exemples :

– R 40 : possibilités d'effets irréversibles;
– R 48 : risques d'effets graves sur la santé en cas d'exposition prolongée;
– R 63 : risques pendant la grossesse d'effets néfastes pour l'enfant...

Intoxications aiguës chez l'homme

Les intoxications aiguës par les pesticides sont celles où, quelques heures après une exposition importante, des symptômes apparaissent rapidement. Ce sont les affections causées par les pesticides que les médecins connaissent le mieux.

Les personnes les plus fréquemment victimes d'intoxications aiguës sont bien sûr les agriculteurs, qui manipulent et appliquent les substances phytosanitaires

1. Pour les classifications complètes des substances selon leurs propriétés toxicologiques et d'autres codes de risques voir l'index phytosanitaire de l'ACTA (Association de Coordination Technique Agricole)

sur les cultures. L'OMS a estimé qu'il y a chaque année dans le monde un million d'empoisonnements graves par les pesticides, avec quelque 220000 décès (48). Les pays développés, bien qu'utilisant 80% des quantités totales de pesticides employées dans le monde, n'enregistrent que moins de la moitié des cas d'intoxication. Aux États-Unis, 300000 agriculteurs seraient néanmoins intoxiqués chaque année par les pesticides (49). En France, la Mutualité sociale agricole (MSA), qui a en charge la médecine du travail et la prévention des risques professionnels des salariés agricoles, a trouvé des effets indésirables chez près de 1 manipulateur sur 6 lors d'enquêtes portant sur une année d'utilisation professionnelle de pesticides (50). La MSA a mis en place un réseau de toxicovigilance en 1991. Mille dossiers, représentant la totalité des problèmes aigus rencontrés et centralisés à l'Institut national de médecine agricole (INMA) de Tours, ont été recueillis depuis cette date. Une relation de cause à effet entre le toxique et l'effet indésirable notifié a été établie pour les deux tiers de ces dossiers. Les cultures les plus concernées sont les céréales, la vigne et l'horticulture. Les troubles aigus constatés concernent les muqueuses et la peau (40% des cas), le système digestif (34%), le système respiratoire (20%), le reste de l'organisme (24%). À la suite de ces incidents lors du travail agricole, plus des deux tiers des victimes ont dû consulter un médecin. Parmi les agriculteurs recensés dans cette banque de données de la MSA, 13% font état d'une hospitalisation consécutive à l'utilisation de produits phytosanitaires et 27% ont dû recourir à un arrêt de travail momentané (51).

Les jeunes enfants sont eux aussi victimes d'empoisonnement par les pesticides, habituellement suite à des ingestions accidentelles ou à des atteintes dermatologiques. Ainsi, l'association américaine des centres antipoison a noté qu'en 1990, quelque 79000 enfants avaient été impliqués dans des intoxications relatives à l'exposition à des pesticides utilisés d'une façon courante dans les maisons. Selon l'UNICEF, dans les zones rurales des pays en voie de développement, les empoisonnements par les pesticides font chez les enfants plus de victimes que toutes les maladies de l'enfance réunies (52).
Les enfants des pays riches ne sont pas non plus à l'abri des empoisonnements, comme en témoigne cet accident, survenu en Grande Bretagne : «La jeune Sharna Richardson, âgée de huit ans, jouait tranquillement dehors avec d'autres enfants un jour d'août 2000. Un de ses compagnons se procura de la poudre anti-fourmis et les enfants s'amusèrent à en asperger des fourmis. Sharna suça ses doigts couverts de cet insecticide contenant une petite quantité de lindane.

Elle commença à être malade dans la soirée et mourut plus tard à l'hôpital. Bien qu'elle n'ait absorbé qu'une dose minime de lindane qui, si on se réfère à la dose létale définie par les scientifiques, n'aurait pas dû entraîner la mort, le médecin légiste conclut qu'il existait "une forte probabilité que la consommation de lindane ait été le facteur qui avait conduit à son décès.»

(Source : Kristin Schafer, PANNA, 26 mars 2002,PAN UK).

Les pesticides organophosphorés et les carbamates sont à l'origine des cas d'empoisonnement par les pesticides les plus fréquents. Les différents types d'empoisonnement par les diverses familles de pesticides sont résumés dans le tableau ci-dessous.

Intoxications aiguës par quelques familles importantes de pesticides

Famille de pesticides	Exemples	Cible physiologique	Symptômes
Organophosphorés	Chlorpyrifos, diazinon, méthyl parathion, malathion...	Inhibe l'enzyme* acétylcholinestérase de manière irréversible, ce qui déstabilise la neurotransmission	Vomissements, diarrhées, bronchoconstriction, faiblesse, céphalées... au pire : attaque et coma
Carbamates	Carbaryl, aldicarbe, méthomyl...	Inhibe l'enzyme acétylcholinestérase de manière réversible ce qui déstabilise la neurotransmission	Mêmes symptômes
Organochlorés	Endosulfan, lindane, méthoxychlore	Se lie avec et/ou bloque le récepteur du neurotransmetteur GABA.	Tremblements, incoordination, paresthésie*, hyperesthésie*, maux de tête, nausées, vertiges, attaques...
Dérivés aryloxi-acétiques	Acide 2,4 dichloro-phénoxiacétique (2,4-D), 2,4-DB, 2,4-DP...	Neuropathie périphérique, myopathie*, acidose*, irritant de la peau...	Nausées et vomissements, maux de tête, confusion, myotonie*, faible fièvre, acidose*, myoglobinurie*
Dipyridiles	Paraquat, diquat	Effet caustique, formation de radicaux libres	Diarrhée, maux de tête, myalgie*, nécrose tubulaire rénale, effet caustique digestif, insuffisance circulatoire, œdème pulmonaire...
Anticoagulants, rodenticides	Warfarin, difenacoum, coumachlor, bromadilione...	S'oppose à l'assimilation de la vitamine K, inhibe les facteurs de coagulation	Saignements de nez, hématurie*, ecchymoses...
Chlorophénols	Pentachlorophénol (PCP)	S'oppose à la phosphorylation* oxydative, irritant de la peau et des muqueuses...	Fièvre, tremblements, transpirations, tachycardie*, hypercapnie*, douleurs abdominales...
Produits pour fumigation	Bromure de méthyl	Irritant, inhibe les enzymes sulfhydriles...	Maux de tête, ataxie*, attaque, œdème pulmonaire...

Source (53)

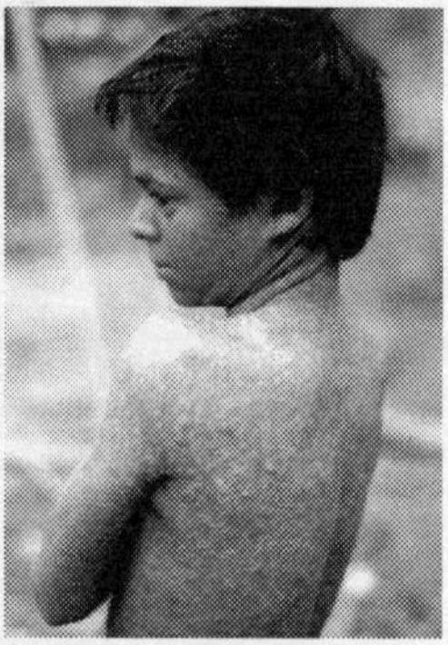

Un jeune Indien victime d'une maladie de peau due aux pesticides (photo Shree Padre)

Effets dermatologiques des pesticides

Les atteintes dermatologiques sont d'autres conséquences fréquentes de l'exposition aux pesticides. Elles touchent principalement les utilisateurs professionnels durant les phases de traitements ou de récolte.

Différents types de ces affections sont exposés brièvement dans le tableau ci-dessous :

Type d'affection	Pesticides responsables	Références
Dermites* d'irritation : De nombreux pesticides peuvent causer des dermites d'irritation. Les dermites sont les deuxièmes maladies professionnelles les plus fréquentes. La fréquence des dermites dans l'industrie agricole est la plus élevée de toute l'industrie. Les plantes couvertes de pesticides peuvent, à elles seules, causer des dermites (ex : fraises).	Bromure de méthyl, dichloropropène, paraquat, diquat, zirame, benomyl, captane	54
Dermites allergiques : De nombreux pesticides peuvent causer des dermites allergiques.	Acéphate, Diazinon, Malathion, Pyrèthre, Bénomyl, Diénochlore, Mancozèbe, Soufre, Captane, Diméthoate, Manèbe, Thirame, Carbaryl, Ethoxyquine, Norflurazon, Vinclozoline, Chlorothalonil, Fenbutatin-oxide, Ométhoate, Zinèbe, Chlorpyrifos, Fluvalinate, PCNB, Zirame, DCNA, Folpet, Perméthrine,	55
Brûlures : Des herbicides qui peuvent provoquer des brûlures de la peau sont également connus pour endommager sérieusement les ongles.	Paraquat, diquat	56
Chloracné* : De nombreux herbicides ont été associés avec le chloracné, principalement en raison de leur contamination par des dioxines.	Le principal responsable était le 2,4,5-T, composant de base de l'"agent orange" maintenant interdit. D'autres herbicides associés avec le chloracné sont : le 2, 4-D, le diuron et le linuron.	57
Empoisonnement percutané* par les pesticides.	Paraquat	58

Quelques exemples d'affections respiratoires liées aux pesticides

Type d'affection	Nature de l'affection	Références
Asthme	Une étude réalisée au Saskatchewan (Canada) auprès de 2 000 agriculteurs a révélé une association significative entre le diagnostic d'asthme et l'utilisation de pesticides inhibiteurs de la cholinestérase.	62
	Dans le monde entier, l'asthme est une maladie de plus en plus fréquente et sous des formes de plus en plus sévères. Les causes de ce phénomène ne sont pas encore totalement élucidées mais des scientifiques considèrent que les pesticides peuvent jouer un rôle.	63
Bronchite chronique	Une étude réalisée auprès de travailleurs dans une usine de fabrication de pesticides en Europe de l'Est a révélé que 50 % de ceux-ci souffraient de bronchite chronique et que les deux tiers avaient des débits d'expiration maximums réduits.	64
Difficultés respiratoires	Des ouvriers travaillant dans des vergers ou des vignobles en Europe de l'Est souffraient plus fréquemment de difficultés respiratoires, toux chronique...	65
Œdème pulmonaire	L'organe principalement touché par l'herbicide paraquat est le poumon. Il y parvient par le sang et peut provoquer des dommages importants comme des œdèmes pulmonaires aigus ou une fibrose pulmonaire.	66
Granulomatose de Wegener (69)	Une étude réalisée auprès de 101 patients atteints de granulomatose de Wegener a mis en évidence davantage de cas dans des situations d'exposition professionnelle aux pesticides que dans le groupe témoin.	67
Symptômes respiratoires divers	Une étude réalisée au Danemark auprès d'environ 200 arboriculteurs fruitiers a mis en évidence des symptômes respiratoires divers liés à la pulvérisation de pesticides. Ils utilisaient notamment le captane, le paraquat, le parathion, l'azinphos-méthyl, le diquat, l'amitrol, le benomyl et la simazine. Les symptômes étaient plus fréquents chez ceux qui ne portaient pas de masque.	68

Pesticides et maladies respiratoires

Les atteintes de l'appareil respiratoire dues à l'exposition aux pesticides sont observées chez les utilisateurs, professionnels ou amateurs, à la suite de l'application de ces produits. On observe également des cas chez les personnes travaillant dans certaines usines de fabrication de pesticides.

Ces atteintes peuvent être de natures diverses :
– Les organophosphorés et les carbamates sont connus pour être inhibiteurs de la cholinestérase. Il en résulte des phénomènes de bronchoconstriction, une augmentation des sécrétions bronchiques et des phénomènes de détresse respiratoire (59);

– Certains pesticides peuvent provoquer des réactions allergiques, y compris l'asthme (60). Parmi ces pesticides, citons le captafol, le soufre, les pyréthrinoïdes, quelques organophosphorés et les carbamates;
– Les pesticides peuvent provoquer d'autres troubles tels que la bronchite chronique, la fibrose pulmonaire, la déficience musculaire respiratoire (61)...
Un certain nombre d'études ayant mis en évidence des atteintes du système respiratoire par les pesticides sont exposées dans le tableau ci-dessous.

Quelques exemples d'affections respiratoires liées aux pesticides

Type d'affection	Nature de l'affection	Références
Asthme	Une étude réalisée au Saskatchewan (Canada) auprès de 2 000 agriculteurs a révélé une association significative entre le diagnostic d'asthme et l'utilisation de pesticides inhibiteurs de la cholinestérase.	62
	Dans le monde entier, l'asthme est une maladie de plus en plus fréquente et sous des formes de plus en plus sévères. Les causes de ce phénomène ne sont pas encore totalement élucidées mais des scientifiques considèrent que les pesticides peuvent jouer un rôle.	63
Bronchite chronique	Une étude réalisée auprès de travailleurs dans une usine de fabrication de pesticides en Europe de l'Est a révélé que 50 % de ceux-ci souffraient de bronchite chronique et que les deux tiers avaient des débits d'expiration maximums réduits.	64
Difficultés respiratoires	Des ouvriers travaillant dans des vergers ou des vignobles en Europe de l'Est souffraient plus fréquemment de difficultés respiratoires et de toux chronique	65
Œdème pulmonaire	L'organe principalement touché par l'herbicide paraquat est le poumon. Il y parvient par le sang et peut provoquer des dommages importants comme des œdèmes pulmonaires aigus ou une fibrose pulmonaire.	66
Granulomatose de Wegener (69)	Une étude réalisée auprès de 101 patients atteints de granulomatose de Wegener a mis en évidence davantage de cas dans des situations d'exposition professionnelle aux pesticides que dans le groupe témoin.	67
Symptômes respiratoires divers	Une étude réalisée au Danemark auprès d'environ 200 arboriculteurs fruitiers a mis en évidence des symptômes respiratoires divers liés à la pulvérisation de pesticides. Ils utilisaient notamment le captane, le paraquat, le parathion, l'azinphos-méthyl, le diquat, l'amitrole, le bénomyl et la simazine.	68

chapitre **5.** Pesticides, perturbation hormonale, fertilité masculine et reproduction

Des alligators au pénis atrophié

Theo Colborn, l'auteur de *L'Homme en voie de disparition?* [1], eut à reconstituer un véritable puzzle pour mettre en évidence les effets de perturbation du système endocrinien produits par certaines substances chimiques chez les animaux (70). Elle se plongea dans des dizaines d'études mettant en évidence des perturbations de la reproduction chez de nombreuses espèces animales apparemment liées à des causes environnementales, mais sans pouvoir comprendre vraiment le mécanisme qui provoquait ces phénomènes. Après avoir lu diverses études montrant la stérilité de populations de visons, des malformations monstrueuses chez des cormorans et le comportement inhabituel de femelles goélands nichant ensemble, son attention fut attirée par un phénomène incroyable se déroulant au lac Apopka, en Floride. Dans ce lac, pollué en 1980 par un insecticide, le dicofol, la population d'alligators s'était effondrée. Mais la surprise des scientifiques fut grande quand ils s'aperçurent que, bien que l'eau eût retrouvé sa qualité initiale, les problèmes de reproduction subsistaient. Ils furent totalement stupéfaits quand ils constatèrent qu'environ 60 % des alligators mâles avaient un pénis anormalement petit. Un tel phénomène n'avait jamais été rapporté auparavant. C'est à partir d'exemples comme celui-ci qu'à la fin des années 1980 Theo Colborn réussit à mettre en évidence que des perturbations du système hormonal (ou endocrinien) étaient à l'origine de ces phénomènes divers observés chez l'animal : organes sexuels déficients, anomalies du comportement, baisse de fertilité, disparition de populations entières.

1. *Theo Colborn et al.,* L'Homme en voie de disparition?, *Terre Vivante, Mens, 1997.*

Et l'homme ?

Dès le début des années 1990, Theo Colborn et d'autres scientifiques commencèrent à s'inquiéter des possibles perturbations du système endocrinien par des polluants environnementaux chez l'homme. Dans une déclaration commune (71), une vingtaine de chercheurs estimèrent qu'il était extrêmement probable que certaines anomalies du développement observées chez l'homme soient dues à une exposition à des perturbateurs hormonaux présents dans l'environnement. À la même époque, les premières études alarmantes sur la baisse de la fertilité humaine furent publiées, mettant en évidence une diminution de 50 % du nombre de spermatozoïdes dans le sperme humain entre 1938 et 1990 (72) ! En 1996, Theo Colborn publia son livre, préfacé par Al Gore, alors vice-président des États-Unis. Il fit grand bruit outre-Atlantique, où il déchaîna une violente polémique. Publié un an plus tard en France, il passa quasiment inaperçu...

Les perturbations endocriniennes

Les perturbateurs endocriniens sont des substances chimiques synthétisées par l'homme qui produisent des effets réversibles ou irréversibles chez les individus en déréglant leurs fonctions hormonales. Les perturbateurs endocriniens reconnus jusqu'à maintenant sont principalement des pesticides (voir annexe III), les dioxines, les PCB, les phtalates, les styrènes, etc. Certains métaux lourds (cadmium, mercure et plomb) en font également partie (73).

Le système endocrinien comprend des glandes, plusieurs fonctions du cerveau et les organes et tissus du corps qui y sont associés. Par exemple, la thyroïde, les glandes surrénales, la glande pituitaire et les glandes du système reproducteur sécrètent toutes des hormones. Ces dernières délivrent des messages aux cellules, commandant ainsi la régulation de nombreux processus physiologiques de l'organisme. Le système endocrinien est très délicat : pour qu'il fonctionne correctement, il faut que le bon message soit envoyé puis reçu par les bonnes cellules. Les hormones et leurs récepteurs se lient comme une clé à sa serrure. Dans les conditions normales, l'hormone se lie à son récepteur et active certains gènes à l'intérieur du noyau de la cellule, déclenchant une réponse biologique appropriée. Dans le cas d'une perturbation endocrinienne*, une substance chimique vient troubler ce mécanisme. Une telle substance, appelée perturbateur endocrinien, peut interférer de six façons différentes :

–Elle imite la bonne hormone en s'insérant parfaitement dans le récepteur hormonal (les œstrogènes* synthétiques tels que le DDT agissent de cette façon, comme un imitateur hormonal);
–Elle bloque l'hormone naturelle en occupant à sa place les récepteurs. Aucun message ne parvient alors aux cellules. La vinclozoline et les pyréthrinoïdes agissent de cette manière;

Le schéma ci-dessous illustre ces deux premiers modes de perturbation du système endocrinien.

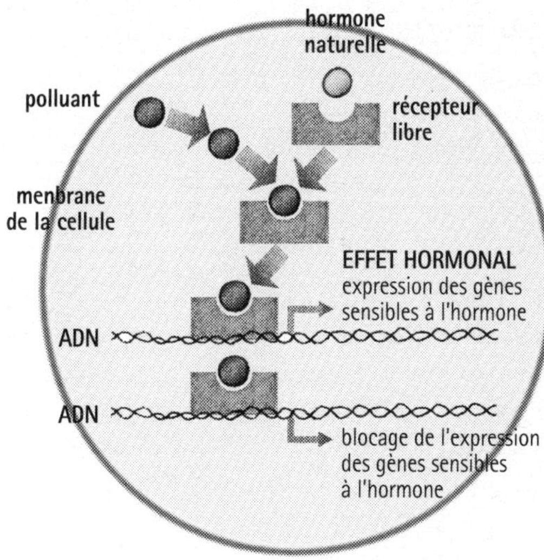

Source (70)

Une substance perturbatrice endocrinienne peut également interférer en :
– Stimulant fortement la sécrétion de l'hormone : l'effet de celle-ci est alors amplifié;
– Forçant l'élimination de l'hormone naturelle en accélérant sa destruction. L'hormone est donc présente en trop faible quantité;
– Empêchant l'élimination de l'hormone naturelle en interférant avec les enzymes* chargées de la détruire. L'hormone est donc présente en trop forte quantité et envoie plus de signaux aux récepteurs que ce qui est nécessaire;
– Détruisant la structure même de l'hormone naturelle ou en altérant la synthèse de celle-ci, ce qui cause une diminution de l'hormone dans l'organisme (74).

De nombreux pesticides ont des effets de perturbation endocrinienne. Le tableau ci-dessous explique quelques-uns des effets connus de perturbation endocrinienne de pesticides connus :

Effets	Substances responsables	Références
Se lie avec le récepteur de l'œstrogène et l'inactive ou l'active	Atrazine, DDT, lindane, endosulfan, nonachlor, dicofol, toxaphène...	314, 315, 316, 317, 318, 319, 320, 321
Se lie avec le récepteur de l'androgène et l'inactive	Atrazine, DDT, lindane, linuron, méthoxychlore, kepone...	314, 315, 322, 323, 324
Réduit la synthèse des androgènes (testostérone et dihydrotestostérone)	Atrazine	325, 326
Augmente l'activité de l'aromatase (enzyme qui transforme la testostérone en œstrogène)	Atrazine	327
Inhibe la transformation de l'hormone thyroïdienne (thyroxine) en sa forme la plus active (tri-iodothyronine)	Lindane	328
Se lie avec et/ou bloque le récepteur du neurotransmetteur GABA	Dieldrine, lindane, endosulfan	329, 330
Se lie avec des protéines du sang (SHBG et/ou ABP)	DDT, atrazine, méthoxychlore...	314

Même une très faible quantité de produit chimique synthétique peut avoir un effet important.

Les perturbateurs endocriniens peuvent agir différemment selon l'âge ou la phase de développement de l'organisme touché ; l'exposition in utero est de loin la plus critique. Le signal hormonal manquant à un stade précis du développement peut perturber la formation des organes et entraîner des conséquences graves tout au long de la vie de l'organisme. Des problèmes de santé liés aux expositions in utero peuvent être ressentis à un moment ou à un autre, de la naissance à l'âge adulte (73). Des expositions régulières même à très faibles doses sur de longues périodes peuvent également causer des dommages importants. Les composés perturbateurs endocriniens sont souvent des substances persistantes qui s'accumulent dans l'organisme, notamment au niveau du tissu adipeux (voir chapitre III), ce qui pérennise leur action. Il faut également tenir compte de la synergie* pouvant résulter de la combinaison de différents polluants qui va induire des effets œstrogéniques plus intenses que s'ils agissaient isolément.

Les conséquences peuvent être très diverses :
– Des anomalies congénitales ;
– Des déficits immunitaires ;
– Des problèmes de reproduction ;
– Le développement de certains cancers ;
– Des problèmes neurologiques, cognitifs et comportementaux.
Voici quelques exemples de ces conséquences des perturbations endocriniennes sur la santé.

Les effets des pesticides perturbateurs endocriniens sur la fertilité masculine

La fertilité masculine dans les pays développés n'a cessé de décroître depuis un demi-siècle, comme le prouvent de nombreuses études de par le monde. Les concentrations du sperme en spermatozoïdes diminuent régulièrement depuis soixante ans, ainsi que le montre le graphique ci-dessous.

Le déclin de la concentration moyenne en spermatozoïdes du sperme humain depuis 1938

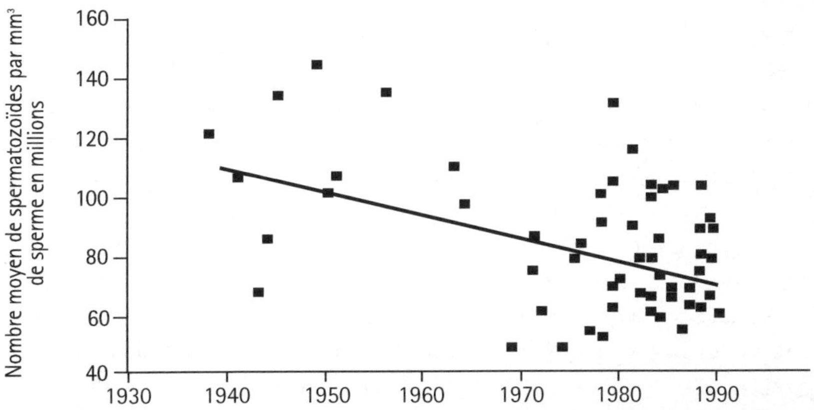

Les chercheurs danois auteurs de cette étude ont combiné les résultats de 61 études du monde entier qui montrent une baisse de concentration de 50 % en 50 ans.

Source (72)

Les chercheurs soupçonnent que ce déclin a bien sûr des causes environnementales. Des études ont mis en évidence une relation entre le fait d'être exposé aux pesticides et une baisse de la fertilité masculine. Une étude récente doit retenir notre attention. Des scientifiques de l'INSERM de Rennes et du Kremlin-Bicêtre, associés à d'autres de l'hôpital Garibaldi à Rosario, en Argentine, ont étudié une population de 225 hommes d'une des régions agricoles les plus productives de ce pays qui avaient consulté pour problème d'infertilité entre 1995 et 1998. Le but était de chercher s'il existait une relation entre l'exposition à certains agents environnementaux et ces situations d'infertilité. Les résultats furent publiés en 2001. Ils montrent que l'exposition aux pesticides (et à certains solvants) est associée à des concentrations en spermatozoïdes bien au-dessous de la limite de la fertilité. Ils mirent également en évidence le fait que les hommes exposés aux pesticides avaient des teneurs en œstradiol dans le sang supérieures aux autres. Pour les scientifiques, pas de doute : ces facteurs environnementaux contribuent à la baisse de la fertilité masculine (76). Une liste de pesticides soupçonnés de créer des problèmes de fertilité masculine se trouve dans l'annexe IV.

Les effets des pesticides perturbateurs endocriniens sur le développement du fœtus

Le fœtus en développement et le bébé sont extrêmement sensibles aux effets des pesticides. On a vu que le fœtus est exposé à des pesticides via le placenta et le sang maternel. Ainsi, cette exposition à certaines périodes de la grossesse peut conduire à un avortement spontané, à des retards de croissance ou à des handicaps à la naissance (voir tableau en fin de chapitre).

L'exposition du fœtus à des perturbateurs endocriniens est même soupçonnée de modifier le sexe de l'enfant à naître. En effet, des chercheurs se sont aperçus que la proportion de bébés mâles par rapport à l'ensemble des nouveau-nés, qui était normalement de 106/206 = 0,5145, était en train de décliner doucement depuis vingt ans dans de nombreux pays industrialisés ou en voie d'industrialisation (77). Ces équipes de scientifiques pensent que ce changement est causé par l'exposition du fœtus à toute une série de produits chimiques perturbateurs endocriniens tels que les pesticides et également les dioxines, les solvants, etc. Entre la 6e et la 9e semaine de grossesse, l'embryon mâle poursuit sa différenciation sexuelle, sous l'influence des hormones sécrétées par les gonades. Si une substance étrangère à l'embryon vient perturber ce processus hormonal à ce stade, la transformation peut être arrêtée et un bébé femelle peut naître. Ces chercheurs lient à ces mêmes causes environnementales des atteintes telles que des malformations du pénis et des testicules à la naissance, l'augmentation de la fréquence du cancer des testicules, le déclin de la quantité et de la qualité du sperme. Ainsi, un chercheur danois a montré que la proportion de mâles par rapport à l'ensemble des nouveau-nés des familles où un jeune était atteint de cancer des testicules était de 0,470 au lieu de 0,520 pour la population normale (78). D'une manière générale, la perturbation de l'équilibre endocrinien chez le fœtus ou le nouveau-né peut causer des altérations permanentes du développement sexuel, alors que la perturbation de l'équilibre endocrinien à l'âge adulte risque moins de provoquer des effets durables sur la santé (79).

De nombreuses autres études épidémiologiques montrent que l'exposition professionnelle ou par l'environnement des familles aux pesticides peut amener des retards de croissance, des anomalies congénitales et même des fausses couches. Ainsi, une étude réalisée par Santé Canada a montré que le risque de fausse couche et de prématurité était plus grand dans les familles dans lesquelles le père avait manipulé certains pesticides (80). Le risque de fausse couche était 1,9 fois supérieur si le père avait manipulé des thiocarbamates, du carbaryl et d'autres pesticides. Le risque d'accouchement prématuré était de 1,7 à 2,4 fois plus élevé si le père avait manipulé des pesticides comme l'atrazine, le glyphosate ou des organophosphorés[2].

Le cas du cancer du sein

Le cancer du sein pourrait être causé, dans certains cas, par une exposition du fœtus ou de l'adulte à des pesticides perturbateurs endocriniens. La majorité des agents chimiques soupçonnés d'être des perturbateurs endocriniens se comportent comme des œstrogènes ou des anti-androgènes (atrazine, DDT, lindane…). La perturbation du système endocrinien par les pesticides (et d'autres composés chimiques) peut avoir des effets cancérigènes (81). Les effets semblent particulièrement importants quand l'exposition a eu lieu in utero, lors de certaines phases cruciales du développement du fœtus. Chez la femme, une

2. D'autres exemples sont donnés dans le tableau à la fin de ce chapitre. Un autre tableau qui récapitule une liste de pesticides toxiques du développement et de la reproduction figure en annexe V.

étude réalisée en 1993 a suggéré que le DDT, l'endosulfan, le képon et l'atrazine sont susceptibles d'altérer la production et le métabolisme des œstrogènes et que l'exposition prénatale à ces substances pourrait y sensibiliser le fœtus, ce qui rendrait les femmes adultes plus vulnérables au cancer du sein (81)(83). Une autre étude réalisée au Canada en 1994 a mis en évidence des niveaux sensiblement plus élevés de DDE chez les femmes présentant des tumeurs liées aux œstrogènes (84). Une recherche sur le mécanisme d'apparition du cancer du sein s'est attachée à comprendre la manière dont se dégrade l'œstradiol, œstrogène commun, dans l'organisme de femmes malades. L'œstradiol se dégrade normalement en deux sous-produits, le 2-hydroxyestrone qui a une activité œstrogénique minime et le 16α-hydroxyestrone qui est un œstrogène puissant, pouvant provoquer des tumeurs et toxique pour les gènes (on les appelle donc « bon » et « mauvais » œstrogènes à cause de ces caractéristiques). Normalement, ces deux produits de dégradation de l'œstradiol sont en quantités sensiblement égales dans l'organisme des femmes. Les chercheurs ont mis en évidence le fait que les femmes malades d'un cancer du sein avaient presque 5 fois plus de "mauvais" que de "bon" œstrogène dans leur corps. Les recherches ont montré que le DDT et certains de ses métabolites*, mais aussi l'endosulfan et l'atrazine, perturbent la dégradation normale de l'œstradiol et favorisent la formation du "mauvais" œstrogène, le 16α-hydroxyestrone, qui provoque des tumeurs. La proportion entre les deux types d'œstrogènes passe alors de 1 à 3 pour l'endosulfan et 15 pour l'atrazine et l'op'-DDE (ce qui veut dire 15 fois plus de "mauvais" que de "bon" œstrogène).

La question de la relation entre exposition aux pesticides et cancers est étudiée en détail au chapitre VIII.

Effet des pesticides sur le rapport "mauvais œstrogène"/"bon œstrogène" dans les cellules cancéreuses du sein

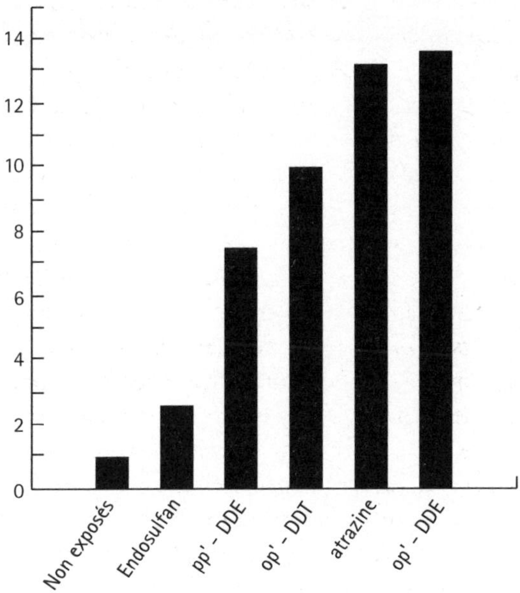

Source (85)

Pesticides et problèmes de reproduction et de développement : études épidémiologiques

Pesticides et problèmes de reproduction et de développement : études épidémiologiques

Type d'affection	Nature de l'affection	Références
Anomalies congénitales conduisant au décès du fœtus	Une étude de 2001 conduite en Californie montre que la mort du fœtus due à une anomalie congénitale est plus fréquente chez les mères qui vivent pendant leur grossesse dans une aire de 24 km carrés autour d'un endroit où l'on a pulvérisé des pesticides. La mort du fœtus due à une anomalie congénitale est plus fréquente encore si l'exposition de la mère aux pulvérisations de pesticides a eu lieu entre la 3e et la 7e semaine de grossesse.	86
Anomalies congénitales	– 50 % ou plus de risque supplémentaire de *spina bifida** ou d'hydrocéphalie* pour les fœtus dont les mères résident à moins d'un quart de mile d'un champ cultivé.	87
	– En Californie, une étude montre que les bébés présentant des malformations des membres ont statistiquement 2,4 fois plus de chances de vivre dans une zone agricole que les bébés non affectés.	88
	– Dans l'Iowa, le taux de malformations à la naissance était de 2 à 3 fois plus élevé dans les communes présentant des taux élevés d'atrazine dans l'eau de consommation que dans les autres. On y observait 3 fois plus de malformations cardiaques et presque 7 fois plus de malformations des membres.	89
Enfants mort- nés	Une étude montre un risque accru d'avoir un enfant mort-né pour les femmes exposées aux pesticides à la maison (+ 70 % de risque) ou dans le cadre de leur travail (+ 240 % de risque).	90
Retards de croissance	Les femmes qui vivent dans des régions où l'eau est contaminée par divers herbicides, dont l'atrazine, la cyanazine, le métolachlore, ont un risque de retard de croissance du fœtus *in utero* accru de 80 % par rapport aux femmes de zones non contaminées.	91
Baisse de la fertilité	– Une étude portant sur 800 couples tentant une fécondation *in vitro* a montré que les hommes modérément ou fortement exposés aux pesticides de par leur profession avaient des taux de fécondation diminués de manière significative comparés aux hommes non exposés.	92
	– Une étude menée par une équipe franco-argentine auprès de 225 hommes ayant consulté pour infertilité montre que l'exposition aux pesticides est significativement associée à une altération de la qualité du sperme (volume, mobilité et nombre de spermatozoïdes) dont l'analyse montre des valeurs bien au-dessous du seuil de fertilité masculine.	93
Perturbation endocrinienne	De nombreux pesticides sont des perturbateurs endocriniens. Ainsi l'atrazine, herbicide largement utilisé en France, interfère avec les œstrogènes.	94

chapitre **6.** Les effets des pesticides sur le système immunitaire

Pourquoi les bébés inuits font-ils des otites à répétition ?

Les polluants organiques persistants (POPs*), dont certains pesticides, peuvent, nous l'avons vu, être portés par les courants atmosphériques depuis des régions plus chaudes jusqu'aux régions polaires – d'où contamination des populations locales. Des chercheurs ont ainsi montré que les bébés inuits* nourris au sein avaient accumulé des quantités élevées d'organochlorés dans leur organisme, notamment du DDE et de la dieldrine (deux pesticides persistants). Or, ces enfants développent des otites 10 à 15 fois plus souvent que ceux du sud du Québec ! En outre, ils sont difficiles à vacciner car nombreux sont ceux dont l'organisme ne produit pas d'anticorps en réponse à cette vaccination. Les chercheurs pensent qu'il faut en chercher la cause dans un dysfonctionnement immunitaire lié à l'exposition prénatale aux organochlorés (95).

De nombreux autres indicateurs permettent de penser que les pesticides constituent une menace pour la santé publique à cause des effets de suppression ou d'affaiblissement du système immunitaire qu'ils induisent. Des millions d'agriculteurs de par le monde sont en effet exposés à la contamination de leur organisme par des pesticides dont on sait expérimentalement qu'ils sont toxiques pour le système immunitaire. Ces mêmes pesticides sont également fortement présents dans l'environnement, l'eau, l'air et les aliments.

Les effets perturbateurs des pesticides sur le système immunitaire ont été surtout étudiés sur des animaux de laboratoire ou des cultures de cellules. La mise en évidence des effets d'une exposition environnementale ou professionnelle à des pesticides sur le fonctionnement du système immunitaire est en effet extrêmement difficile, de nombreux autres facteurs entrant en jeu. Les épidémiologistes se sont davantage concentrés sur d'autres effets : cancers, perturbation endocrinienne*, toxicité aiguë. On dispose cependant d'un certain nombre de données concernant l'homme.

Comment fonctionne le système immunitaire

Le système immunitaire est essentiel à notre santé et à notre survie. Il défend le corps contre les organismes pathogènes grâce à l'action de cellules du sang (globules blancs) et de molécules sériques (anticorps). Les organismes pathogènes peuvent être des bactéries, des champignons, des virus, des parasites ou des cellules cancéreuses. Trois mécanismes immunitaires distincts fonctionnent conjointement pour éliminer ces antigènes :

– L'immunité non spécifique met en jeu les macrophages, les neutrophiles et les lymphocytes* NK (Natural Killer = tueur naturel) qui parcourent le corps à la recherche d'intrus. Les macrophages et les neutrophiles les ingéreront (phagocytose) et les lymphocytes NK les tueront;

– L'immunité humorale met en jeu les lymphocytes B qui produisent des anticorps;

– L'immunité cellulaire met en jeu les lymphocytes T. Lorsqu'un antigène* s'infiltre dans l'organisme, seul le lymphocyte T conçu pour réagir avec cet antigène est activé. L'activation se déclenche au moment où les macrophages phagocytent l'antigène et le mettent en présence du lymphocyte T. Une fois sensibilisés, les lymphocytes T augmentent de volume, se différencient et se divisent. Il y a plusieurs types de ces lymphocytes (T4, T8), mais en général, leur fonction est de se fixer sur les envahisseurs et de sécréter les lymphotoxines qui détruisent directement les antigènes (96).

Que disent les études de laboratoire?

Un rapport scientifique a récemment analysé et résumé les résultats de plus de cent études expérimentales sur les conséquences de diverses familles de pesticides sur le système immunitaire (97). La grande majorité de ces études a mis en évidence leurs effets immunosuppresseurs. Un autre document scientifique conclut « [...] qu'il existe un ensemble de preuves accumulées durant les vingt dernières années, selon lesquelles l'exposition à des polluants environnementaux, parmi lesquels de nombreux pesticides ou contaminants de formulations de pesticides, peuvent produire un dysfonctionnement du système immunitaire chez l'animal de laboratoire... » (98). Nous verrons au chapitre XI que la faune sauvage est également victime des phénomènes de suppression immunitaires dus aux divers pesticides présents dans l'environnement. Dans ces conditions, comment imaginer que l'homme ferait exception?

De nombreux pesticides sont susceptibles d'endommager notre système immunitaire. Leurs effets immunotoxiques sur l'homme peuvent avoir de nombreuses conséquences pathologiques : des cancers associés à la suppression immunitaire, des réactions allergiques (dermites*, asthme, anaphylaxie), des réponses auto-immunes, la suppression de la fonction immunitaire provoquant une plus grande sensibilité aux agents pathogènes.

Les cancers associés à la suppression immunitaire

Les personnes exposées aux pesticides ont un risque accru de développer certains types de cancers connus pour être associés avec la suppression du système immunitaire (96). Les agriculteurs sont en moyenne moins touchés par le cancer que le reste de la population. Pourtant, des études ont montré que la population agricole avait un risque plus élevé que la moyenne de développer des cancers du même type que ceux dont sont atteints les malades immunodéficients (100). Nous y reviendrons au chapitre VIII.

Les réactions allergiques

Les réactions allergiques nous fournissent des preuves évidentes que les pesticides ont des effets cliniques observables sur le système immunitaire humain.

Divers pesticides peuvent induire des réactions allergiques immédiates : rhinites, asthme, anaphylaxie. Parmi eux, on peut citer les matières actives suivantes : atrazine, parathion, dichlorvos, captafol, folpet, captane, manèbe, zinèbe, dithianone, dinitrochlorobenzène (101).

Les réponses auto-immunes

Le corps humain peut produire des anticorps dirigés contre lui-même qui sont éliminés si le système immunitaire fonctionne bien. Dans le cas contraire, l'organisme devient incapable d'empêcher leur développement.

Des pesticides élaborés à base de métaux (arsenic, cuivre, mercure) sont connus pour induire des phénomènes d'auto-immunité (102). L'heptachlore, mais aussi le chlorpyrifos, le pentachlorophénol et d'autres substances déclenchent également ce type de réponse de l'organisme (103). Parfois, un pesticide peut s'associer étroitement avec les cellules de certains organes, l'organisme déclenchant alors une réaction immunitaire en direction du complexe “pesticides-cellules”. C’est le cas dans certaines régions de Russie, où l’on cultive le coton et le tabac, et où des travailleurs agricoles et des résidents exposés à certains organochlorés ou organophosphorés ont dans leur organisme des anticorps s’attaquant à la fois à ces pesticides et aux cellules du foie, des poumons et du cerveau (104).

La suppression de la fonction immunitaire, cause d'une plus grande sensibilité aux agents pathogènes

La fonction immunitaire peut être altérée par les pesticides de différentes manières. Les organophosphorés et les carbamates ont la propriété de perturber l’activité des neutrophiles, une variété de leucocytes, ce qui se manifeste souvent par des infections pulmonaires (105). Ainsi, une étude a montré que des adultes exposés professionnellement à des pesticides organophosphorés ou organochlorés étaient davantage sujets aux infections respiratoires du type angine, pharyngite ou bronchite (105) (106). Leurs organismes montraient une réaction amoindrie des leucocytes neutrophiles, proportionnelle à la durée de l’exposition aux pesticides. D’autres globules blancs, les lymphocytes T, peuvent également être affectés par certains pesticides, comme l’ont observé de nombreux épidémiologistes de l’ancienne Union soviétique. Ainsi, des résidents du district agricole du Karakalpakstan, au sud de la Russie, avaient un nombre de lymphocytes T réduit par rapport au groupe de contrôle et un taux de maladies infectieuses supérieur à celui de la population générale (107). Les exemples de ce type ne manquent pas. Le pentachlorophénol (PCP), produit de protection du bois très persistant, est associé, dans de nombreuses études, à une série de paramètres immunitaires anormaux (nombre élevé de leucocytes immatures, plus grande incidence d’infections ou d’anémie aplasique). Cette anomalie concerne non seulement les professionnels mais aussi les résidents des maisons en bois traité au PCP (108). Des travailleurs américains et italiens exposés au PCP ont vu le nombre de certains de leurs lymphocytes T diminuer et développaient fréquemment des syndromes grippaux et des infections urinaires (109). La contamination responsable de la baisse du nombre de lymphocytes T peut provenir de l’environnement, comme dans le cas des femmes du Wisconsin qui, consommant de l’eau du robinet contaminée par de l’aldicarbe (un insecticide) ont vu le nombre de leurs lymphocytes T baisser durablement (110) (111).

Des populations entières peuvent être touchées par les effets immunotoxiques des pesticides. Ainsi, les populations des régions de culture du coton en Ouzbékistan, particulièrement exposées aux pesticides, souffraient de davantage d'infections respiratoires, gastro-intestinales ou rénales que les populations moins exposées. Seulement 1,6 % de la population des villes de cette zone souffrait d'infections rénales, contre 7,9 % de la population rurale vivant dans une zone d'application de pesticides et 12,5 % des gens qui vivaient près des locaux où ces derniers étaient stockés. Dans la même région, une étude réalisée auprès des personnes vivant en bordure des champs de coton a mis en évidence une augmentation de 51 % des problèmes respiratoires par rapport à la population témoin (112) !

Effets sur le système immunitaire de quelques pesticides[1]

Pesticide	Effet sur le système immunitaire
Dichlorvos	Interfère avec la réparation de l'ADN des lymphocytes
Malathion	Supprime l'immunité humorale
Parathion	Retarde la production d'anticorps, diminue la résistance aux infections virales et bactériennes
Chlorpyrifos	Augmente l'auto-immunité et le nombre de certains lymphocytes
Carbaryl	Diminue la cytotoxicité des macrophages
Carbofuran	Inhibe l'activation des lymphocytes T
Aldicarbe	Diminue le nombre des lymphocytes T8
Pentachlorophénol	Diminue le nombre des lymphocytes T4
Metam sodium	Diminue l'activité des lymphocytes NK
Chlordane	Produit des lymphocytes T anormaux
Heptachlore	Retarde l'activation des macrophages
Aldrine, dieldrine	Diminue la résistance aux infections virales
Lindane	Diminue l'activation des macrophages
Endosulfan	Diminue le nombre de lymphocytes
Atrazine	Diminue le nombre de leucocytes

Source : (96, 99)

1. *Une liste plus complète est donnée en annexe IV.*

chapitre 7. Neurotoxicité chronique des pesticides : effets neurologiques, cognitifs et comportementaux

Les pesticides peuvent-ils rendre moins intelligent, altérer notre faculté d'attention ou notre mémoire, modifier notre comportement? Quelques études récentes obligent à se poser la question.
Il est prouvé que les pesticides peuvent affecter le système nerveux central et le système nerveux périphérique chez les animaux et les humains lors d'intoxications aiguës (voir chapitre IV). Certains d'entre eux, comme les organophosphorés et les carbamates, ont d'ailleurs été conçus pour endommager le fonctionnement neurologique des insectes dont l'agriculteur veut se débarrasser. Ils peuvent être neurotoxiques* pour l'homme à cause des similarités entre le fonctionnement du système nerveux des insectes et de celui des humains. Ces pesticides inhibent la cholinestérase et interfèrent avec la transmission de l'influx nerveux.
Mais qu'en est-il des effets de neurotoxicité chronique des pesticides sur l'homme?

Problèmes neurologiques, cognitifs et comportementaux induits par la perturbation du système endocrinien

Nous avons vu que nombre de pesticides sont des perturbateurs endocriniens qui produisent des effets réversibles ou irréversibles chez les individus en déréglant leurs fonctions hormonales.
Un groupe international de scientifiques et de médecins – dont notamment des scientifiques d'agences gouvernementales américaines et Theo Colborn, auteur de *L'Homme en voie de disparition ?* (70) – a participé en novembre 1995 à Erice en Italie, à un colloque sur les effets des perturbateurs endocriniens sur le cerveau et le système nerveux central. À l'issue de ces travaux, ils ont signé une déclaration commune largement boycottée par les médias américains, dont voici quelques extraits (114) :
« Les substances chimiques perturbatrices du système endocrinien peuvent perturber le développement neurologique et comportemental, et par conséquent le potentiel des individus exposés *in utero*... Cette perte de potentiel [...]

peut prendre la forme d'anomalies comportementales ou physiques. Elle peut se manifester par une capacité intellectuelle réduite, une moindre adaptabilité sociale, une réactivité aux stimuli de l'environnement amoindrie… etc. Des pertes de cette nature touchant une grande proportion de la population peuvent changer la nature des sociétés humaines […]. L'exposition du cerveau en développement aux perturbateurs hormonaux peut, à certaines périodes bien précises et parfois brèves, produire des changements définitifs dans la structure et le fonctionnement de celui-ci […] à des niveaux d'exposition qui ne produisent pas d'effets permanents chez l'adulte […]. Les hormones thyroïdiennes sont essentielles pour le fonctionnement normal des fonctions du cerveau. Toute interférence avec la fonction hormonale de la thyroïde durant le développement provoque des anomalies dans le développement du cerveau et du comportement […]. L'exposition à des substances chimiques durant les premiers stades du développement peut détériorer la fonction motrice, la perception spatiale, le développement des fonctions cognitives, de mémorisation et auditive, la coordination motrice fine, l'équilibre… Dans les cas sévères, un retard mental peut survenir. »

Effets comportementaux et cognitifs induits par l'action des pesticides sur la thyroïde

D'inquiétantes expériences sur les animaux

Le docteur Porter et ses collègues ont expérimenté sur des souris des mélanges de plusieurs pesticides (aldicarbe et atrazine) et de nitrates (115). Ces mélanges, à des niveaux de contamination rencontrés dans les ressources en eau des États-Unis, ont eu des effets sur les systèmes immunitaire et endocrinien ainsi que sur le comportement de ces animaux. Les scientifiques ont notamment mis en évidence le fait que ces mélanges de pesticides et de nitrates induisaient des changements dans les concentrations d'hormone thyroïdienne observées. Le docteur Porter (116) déclare d'ailleurs que « les changements observés dans les concentrations d'hormone thyroïdienne induits par les mélanges à faible concentration que nous avons utilisés soulèvent deux préoccupations. La première se pose pour les individus déjà nés. Dans l'hyperthyroïdie, les niveaux élevés d'hormone thyroïdienne ont été associés avec une irritabilité et une rapidité à se mettre en colère accrues (117). L'augmentation de l'irritabilité peut affecter la capacité à se concentrer et à apprendre (118). Dans l'hypothyroïdie, les bas niveaux d'hormone thyroïdienne ont été associés avec une motivation pour l'apprentissage ou pour le travail réduite (119). Par ailleurs, les hormones thyroïdiennes sont également essentielles pour le développement du cerveau du fœtus (120).» Il ajoute : « Prenons l'exemple d'une femme enceinte. Au vingtième jour de sa grossesse, quand le tube neural du fœtus se referme, si elle reçoit une dose de pesticide [...] son niveau d'hormone thyroïdienne monte ou descend, l'hormone traverse le placenta et peut altérer le développement du cerveau du fœtus de manière irréversible. » Et quand on demande au docteur Porter si, au vu des résultats de ses études et étant donné que les habitants de son pays, les États-Unis, mangent de la nourriture issue de l'agriculture conventionnelle avec utilisation de pesticides, il ne devrait pas y avoir davantage de personnes hyperagressives et idiotes, il répond : «Si on regardait vraiment attentivement ce qui se passe dans ce pays, il se pourrait qu'on s'aperçoive que c'est exactement le cas!» Et en France, comment est-ce?

Des effets sur de jeunes enfants

Le docteur Élisabeth Guillette est anthropologue. Elle s'est intéressée à l'impact des pesticides dans la vallée du Yaqui, au nord-ouest du Mexique (121). Cette vallée a une superficie de 31 000 hectares et, depuis la révolution verte des années 1950, est devenue une zone de cultures intensives. De fortes doses de pesticides y sont utilisées depuis cette époque et des résidus de nombreux pesticides ont été retrouvés dans le sang du cordon ombilical des nouveau-nés et dans le lait maternel des femmes de la région. L'agriculture intensive est pratiquée dans la vallée proprement dite et non dans les zones de contreforts. Dans ces dernières, les pesticides ne sont donc quasiment pas utilisés. Le docteur Guillette a fait passer une batterie de tests de développement à des enfants de 4-5 ans provenant, soit de la vallée, soit des contreforts montagneux. Les résultats furent saisissants : les enfants de la zone où les pesticides étaient utilisés ont montré moins d'endurance, une moins bonne coordination motrice, une mémoire à trente minutes moins bonne et de moins bonnes aptitudes dans l'épreuve de dessin d'une personne. Le docteur Guillette a également observé des comportements agressifs plus fréquents chez les enfants de cette zone.

Le document ci-après reproduit des dessins d'enfants de cette région auxquels le docteur Guillette avait demandé de dessiner une personne. Les dessins les moins évolués sont, de loin, ceux des enfants habitant la vallée, où sont utilisés des pesticides de manière intensive, parmi lesquels des POPs* mais aussi des pesticides non persistants. Cette différence met en évidence le retard de développement neurologique des enfants les plus exposés.

Dessins représentant une personne faits par des enfants Yaqui vivant dans la vallée et dans les contreforts de Bonora, Mexique

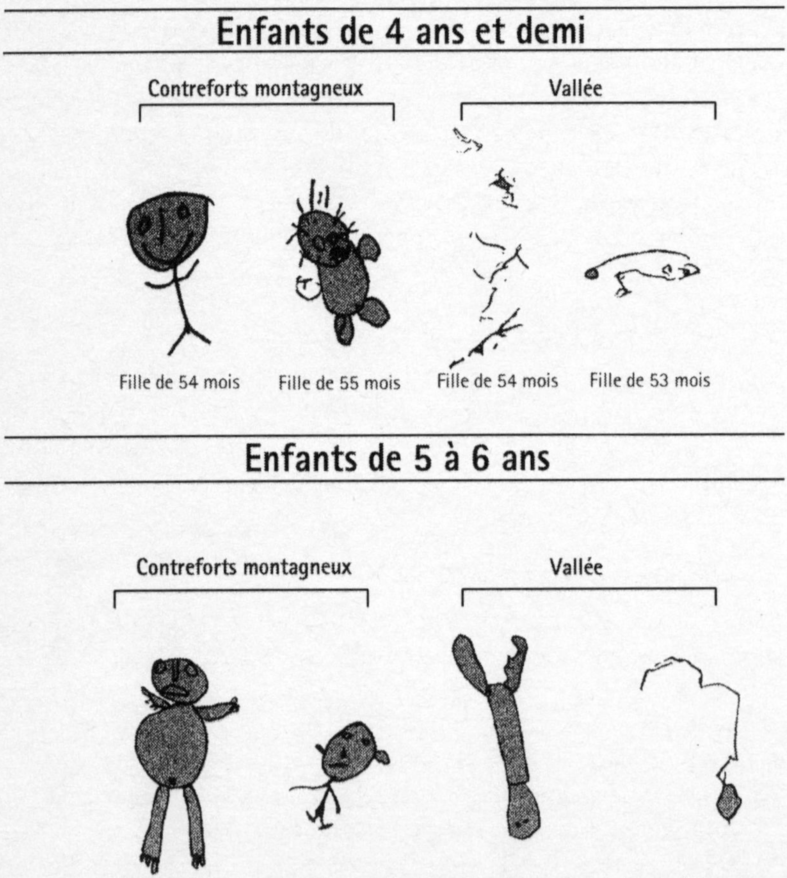

Source (121)

Des effets possibles sur les viticulteurs

L'étude Phytoner (122), publiée en août 2001, s'est intéressée aux effets à long terme des pesticides employés en viticulture dans la région bordelaise sur les fonctions cognitives des professionnels exposés. La population étudiée était divisée en trois groupes : les personnes directement exposées aux pesticides (ceux qui les manipulaient), les personnes indirectement exposées (ne manipulant pas les pesticides, mais exposées par contact avec des plantes et par l'environnement des vignobles) et enfin un groupe témoin de travailleurs non exposés. L'étude a mis en évidence des résultats inférieurs à des séries de tests neuropsychologiques pour les groupes exposés aux pesticides par leur activité professionnelle dans la viticulture que pour le groupe témoin. Les personnes directement exposées avaient les scores les plus bas, notamment en matière d'attention sélective, de différents types de mémoire, de fluidité verbale et de capacité d'abstraction.

D'autres études ont mis en évidence divers effets neurocognitifs des pesticides organophosphorés sur les populations exposées professionnellement : troubles de la mémoire, anxiété, irritabilité, dépression (123).

Des risques de neurotoxicité périphérique

Les pesticides qui inhibent la cholinestérase (les organophosphorés et carbamates) interfèrent avec la transmission de l'influx nerveux. Plusieurs études montrent la survenue d'anomalies neurologiques chez des usagers exposés de manière chronique à de tels pesticides : déséquilibres, amoindrissement des réflexes, retard de conduction de l'influx nerveux (124)...

Des effets sur les personnes âgées ?

Une recherche conduite en Hollande suggère que les personnes exposées pendant de nombreuses années aux pesticides pourraient souffrir d'effets à long terme. Cette étude, conduite auprès de 830 personnes âgées de 50 à 80 ans, a mis en évidence chez des sujets exposés à certains composés chimiques une plus grande prévalence de dysfonctionnements légers de la fonction cognitive, ce qui, dans les tests entrepris, se traduisait par des difficultés pour identifier des mots, des couleurs ou des nombres ou pour parler avec aisance. Les résultats de l'étude ont montré que les personnes les plus exposées (les jardiniers et les agriculteurs) ont près de 5 fois plus de risques de développer des dysfonctionnements légers de la fonction cognitive que les autres (125).

Les pesticides responsables de certains cas de maladie de Parkinson ?

La maladie de Parkinson est une maladie neurodégénérative incurable. Elle touche environ 1 % de la population de plus de 60 ans et, en France, on estime le nombre de malades à plus de 100 000 personnes. La maladie commence quand les cellules du cerveau qui produisent la dopamine – un composé chimique qui aide au contrôle des muscles – commencent à mourir. Les symptômes ne deviennent apparents que lorsque 60 % à 80 % de ces cellules ont disparu. La maladie se caractérise par des tremblements, un ralentissement des mouvements, etc. Des chercheurs pensent que l'exposition à certains agents chimiques, et particulièrement à divers pesticides, joue un rôle dans certains cas de maladie de Parkinson. Trois faits militent en faveur de cette thèse (126) :

– Les personnes qui vivent dans des zones agricoles, et spécialement celles qui ont été exposées aux pesticides, ont davantage de risques de développer la maladie de Parkinson (127) ;

– Plusieurs études ont montré que les personnes mortes de cette maladie avaient des quantités de pesticides organochlorés dans le cerveau plus élevées que le reste de la population ;

– Enfin, au début des années 1980, un groupe de jeunes a développé des symptômes de la maladie de Parkinson après avoir pris du MPTP, une drogue dont le métabolite* a une structure proche de celle de l'herbicide paraquat.

De son côté, le professeur A. Fink de l'université Santa Cruz de Californie a montré que d'infimes concentrations des pesticides roténone, dieldrine, 2,4-D et paraquat provoquent des réactions qui peuvent accélérer le développement de la maladie (128). Une étude épidémiologique conduite par Lorene Nelson, de l'université de Stanford, s'est intéressée au degré d'exposition aux pesticides de 496 patients atteints de maladie de Parkinson. Les chercheurs ont trouvé que ceux qui avaient utilisé certains pesticides dans leur jardin ou leur maison avaient 70 % de risques en plus de développer la maladie de Parkinson (128a). On trouvera en annexe IV un tableau présentant les effets neurotoxiques des différentes familles de pesticides.

chapitre **8.**
Pesticides et cancers

Les cas de cancers augmentent

Depuis la fin des années 1980, les cancers sont devenus la première cause de décès chez l'homme. Ainsi, en 1990, ils ont été responsables de 31 % des décès chez l'homme, les maladies cardiovasculaires en représentant 29%. Pour l'ensemble des deux sexes, ils ont été à l'origine de 140000 décès (soit 26% des décès). En 1995, le nombre de nouveaux cas de cancers a été estimé à 240000, dont 135 000 chez l'homme (56%) et 105 000 chez la femme (44%). La probabilité de développer un cancer au cours de sa vie est de 46,9% chez l'homme, et de 36,6% chez la femme. Globalement, le cancer du poumon est celui qui est responsable du plus grand nombre de décès (plus de 24000 en 1996) (129). Le graphique suivant montre l'évolution du nombre de nouveaux cas de cancers en 1975, 1985 et 1995. L'augmentation de la population et de la consommation de tabac pendant cette période ne suffisent pas à expliquer cete évolution.

Nombres de cas de cancers en France en 1975, 1985 et 1995, toutes tumeurs malignes confondues

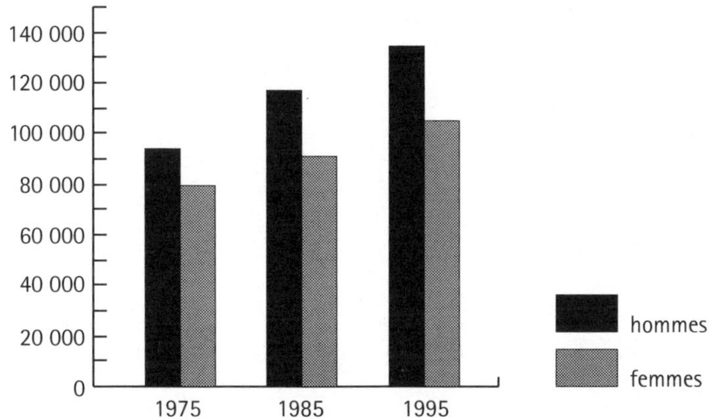

Source (130)

Certains types de cancers augmentent particulièrement rapidement. C'est notamment le cas du lymphome (cancer des lymphocytes*) non hodgkinien (LNH), du cancer du cerveau ou de la vessie.

Nombres de cas de lymphome non hodgkinien (LNH) en France en 1975, 1985 et 1995

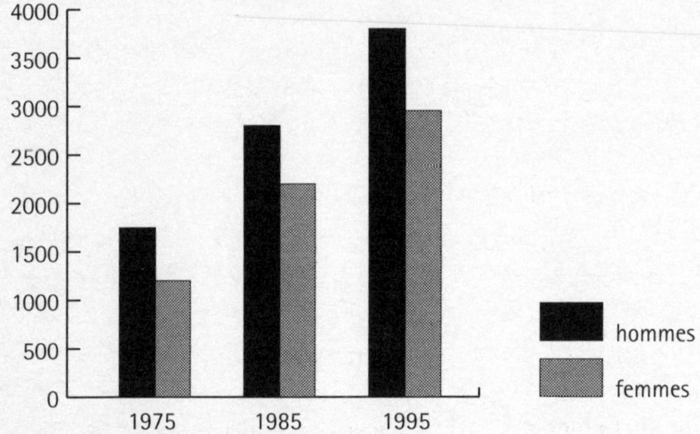

Source (130)

Pourquoi une telle augmentation de certains cancers ? Avant de tenter de répondre à cette question, essayons de comprendre ce que sont les cancers.

La capacité de se diviser, de se spécialiser mais aussi de mourir est inscrite dans le génome* de chacune des cellules qui composent l'organisme humain.

Le déclenchement et l'arrêt de la prolifération cellulaire (mitose), l'entrée dans un processus de différenciation ou dans un programme de mort cellulaire (apoptose) résultent de l'intégration au niveau cellulaire de multiples signaux, les uns positifs, les autres négatifs. Au niveau tissulaire, l'équilibre entre ces diverses destinées cellulaires est sous le contrôle de multiples systèmes de régulations enchevêtrés. On imagine la complexité et la vulnérabilité d'un tel système qui assure la cohésion, le bon fonctionnement et l'intégrité d'un organisme. Sous l'effet de facteurs environnementaux tels que le tabac, le soleil, certains agents chimiques ou physiques ou certains virus, ou spontanément, le génome humain subit constamment des lésions qui sont réparées. Si le système de réparation est défectueux ou "débordé", la cellule conserve ces altérations et devient anormale. Ne répondant plus correctement aux signaux environnants, elle échappe à toute régulation. La cellule s'engage alors dans un processus anarchique qui conduit, par accumulation successive d'anomalies génétiques, au développement d'un cancer (131). Ce processus est le mécanisme de

carcinogenèse* causé par des substances génotoxiques*. Nous verrons plus loin qu'il existe d'autres mécanismes de carcinogenèse, non liés à des substances génotoxiques.
Tout agent chimique susceptible de léser le génome humain ou d'altérer les capacités du système immunitaire à détruire les cellules cancéreuses est potentiellement capable de favoriser la survenue de cancers.

Pesticides : de fortes présomptions

De nombreuses études épidémiologiques mettent en cause les pesticides. Ainsi la Lymphoma Foundation of America (Fondation américaine contre le lymphome) vient de faire paraître un document récapitulant toutes les études épidémiologiques disponibles sur la relation entre le lymphome et les pesticides (132). Sur les 99 études épidémiologiques, 75 indiquent une relation entre l'exposition à des pesticides et l'atteinte par un lymphome, 24 ne mettent en évidence aucune relation entre les deux.
De la même façon, nous disposons depuis une vingtaine d'années de dizaines d'études épidémiologiques, menées aux États-Unis et ailleurs, qui montrent que les utilisateurs de pesticides sont plus souvent atteints par certains cancers (estomac, prostate, vessie, cerveau, lèvres, LNH, leucémies…) que la population générale (133). En France, le professeur J.-F. Viel a mis en évidence un lien entre « la mortalité par cancer du pancréas et par cancer du rein d'une part et l'exposition aux pesticides utilisés en terre labourable d'autre part » et également entre « la mortalité par cancer de la vessie et par cancer du cerveau d'une part, et l'exposition aux pesticides utilisés dans les vignes d'autre part » (134). Les utilisateurs exposés aux pesticides examinés dans ces études ne sont pas que des agriculteurs. Il peut s'agir de jardiniers ou de personnes manipulant de telles substances en usine, au domicile (en extérieur ou dans les habitations), ou sur des terrains de golf (135) par exemple. L'exposition environmentale aux pesticides est également liée à un risque accru de développer certains cancers. Ainsi, en Italie du Nord, les dérivés de l'acide chlorophénoxyacétique ont été associés avec un risque accru de LNH parmi des résidents dans des zones de culture du riz (137). Aux États-Unis, une autre étude a mis en évidence une augmentation significative du risque de cancer du sein (138). En Espagne, un surcroît de cancers de la thyroïde a été observé dans une population exposée à des mélanges de pesticides organochlorés contenant de fort taux d'hexachlorobenzène (139), etc.

D'autres résultats d'études mettant en évidence un lien entre différentes sortes de cancers et une exposition, professionnelle ou environnementale, à des pesticides – chez l'adulte et chez l'enfant – figurent en pages 86-87. Grâce à ces études et à de nombreuses autres, des liens ont pu être établis entre certains cancers et certaines familles de pesticides (136) :
– Les organochlorés sont associés aux LNH (lymphomes non hodgkinien), aux leucémies, aux sarcomes des tissus mous, aux cancers du pancréas, du poumon, du sein;
– Les organophosphorés sont associés aux LNH et aux leucémies;
– Les dérivés de l'acide chlorophénoxyacétique sont associés aux LNH, aux sarcomes des tissus mous, au cancer de la prostate;
– Les triazines sont associées aux cancers de l'ovaire et du sein.

De la présomption à la preuve

Les études épidémiologiques que nous venons de voir permettent de mettre en évidence le risque plus important de développer une maladie couru par un échantillon de population exposé à un produit toxique par rapport à une population témoin non exposée. Comme ces études ne mettent pas en évidence une relation "pure et dure" de cause à effet entre une substance et une maladie, les tenants de l'évaluation classique du risque lié à l'utilisation de ces pesticides voudraient en minimiser la portée. Les conclusions de telles études ne conduiraient, selon eux, qu'à de simples hypothèses. Cela ne justifie en rien de ne pas les prendre en compte, d'autant qu'un nombre croissant d'études conduisent à de résultats qui se recoupent et que c'est la santé humaine qui est en jeu.
Faut-il attendre d'avoir des millions de morts supplémentaires et une "vraie preuve scientifique" de la relation de cause à effet entre l'exposition à certains pesticides et l'apparition de certains cancers, ou faut-il appliquer le principe de précaution à la lumière des résultats des nombreuses enquêtes épidémiologiques mettant en cause les pesticides? La première approche est celle de la science "dure", la seconde est une approche citoyenne, éthique, soucieuse des droits de l'homme, qu'il faut évidemment privilégier. Il faut en effet appliquer à la gestion des pesticides trois principes fondamentaux apparus dans le domaine de l'environnement ces dernières années : le principe de précaution, le principe du renversement de la charge de la preuve et le principe de substitution.

– Le principe de précaution n'est plus à présenter. C'est celui qui, depuis le sommet de Rio en 1992, est censé s'appliquer lorsqu'une évaluation scientifique préliminaire indique qu'il y a des motifs raisonnables de s'inquiéter. Il n'est donc pas indispensable d'attendre la “certitude scientifique” d'une corrélation directe entre une substance et les préjudices constatés pour agir.
– Le principe du renversement de la charge de la preuve implique que celle-ci passe des autorités de réglementation au fabricant. L'industrie devrait alors prouver que les pesticides employés ne présentent pas de risques, alors qu'auparavant les pouvoirs publics devaient essayer de prouver qu'ils pouvaient en présenter, à grands frais et la plupart du temps sans pouvoir réaliser toutes les études nécessaires.
– Le principe de substitution consiste à remplacer des produits chimiques jugés dangereux par d'autres qui le sont moins.
Ces principes font partie d'une nouvelle conception de l'évaluation des risques liés aux substances chimiques, et notamment aux pesticides, qui fut évoquée en octobre 2000 à Copenhague lors de la conférence intitulée “Les produits chimiques sur la sellette” qui a réuni des dizaines d'organisations non gouvernementales du monde entier (140).

Pesticides, affaiblissement du système immunitaire et cancers

On sait qu'en général les patients qui ont un système immunitaire défaillant, de manière chronique ou suite à un traitement médical, courent d'avantage de risques de développer certains cancers. On a également remarqué que les personnes exposées aux pesticides ont un risque accru de développer certains cancers associés à un affaiblissement du système immunitaire (141). Les agriculteurs, qui manipulent beaucoup de pesticides, ont par exemple un risque supérieur au reste de la population pour les mêmes types de cancers que ceux que les patients immunodéficients développent (142) : ils sont davantage touchés par des LNH, la maladie de Hodgkin, les mélanomes, la leucémie, les cancers de l'estomac et du cerveau, etc. (143,144). D'autres études mettent également en évidence un lien entre exposition non professionnelle à des pesticides particuliers et des cancers liés à une déficience immunitaire (145). Les pesticides peuvent affaiblir le système immunitaire des personnes exposées et donc favoriser l'apparition de certains cancers de différentes manières. Ils peuvent ainsi réduire la résistance de l'organisme à des virus promoteurs de cancers, comme le virus d'Epstein-Barr (146), ou bien provoquer un véritable effondrement du système immunitaire (147). Ainsi, J. H. Exon explique que les pesticides peuvent altérer «des fonctions du système immunitaire qui pourraient autrement arrêter complètement ou partiellement les processus de carcinogenèse» (148).

Les effets cancérogènes des faibles doses de pesticides

Même une exposition à des doses faibles de pesticides par l'environnement (aliments, air, eau) peut présenter des risques.
En effet, les types de cancers pour lesquels un lien très étroit avec l'utilisation de pesticides a pu être mis en évidence par des études épidémiologiques auprès des agriculteurs sont précisément ceux qui sont en forte augmentation dans la population générale, notamment les sarcomes des tissus mous et les lymphomes non hodgkiniens (LNH) (149). Aux États-Unis, les cas de LNH ont augmenté de 50 % en vingt ans. En France, leur incidence a doublé en vingt ans, et, même si les pesticides ne peuvent pas être tenus pour seuls responsables, ils sont cependant considérés comme une des causes probables (150).

Par ailleurs, les scientifiques attirent l'attention sur certains aspects des mécanismes de la carcinogenèse insuffisamment considérés jusqu'ici (149) :
– La synergie* entre des quantités minimes de polluants cancérogènes qui peuvent agir aux concentrations les plus basses. Il a été démontré que les combinaisons de deux ou trois pesticides communément présents dans l'environnement peuvent avoir un impact sur les hormones beaucoup plus important que chaque pesticide pris individuellement (151).
– La faculté de certaines substances non génotoxiques d'induire des cancers en influençant l'expression des gênes par l'intermédiaire d'un récepteur spécifique.
Pour ce dernier mécanisme, un effet de seuil semble improbable, et même les expositions à de faibles doses de pesticides semblent susceptibles de provoquer certains cancers, comme le montre le Dr Pluyers, cancérologue (voir annexe VII), remettant en cause la notion même de Dose Journalière Admissible (DJA) pour les pesticides et les autres polluants chimiques.

Les enfants particulièrement menacés

Les enfants sont particulièrement vulnérables face aux menaces cancérogènes potentielles de certains pesticides.

–**Ils sont plus exposés que les adultes.** À poids corporel égal, les enfants consomment davantage de nourriture et d'eau et respirent plus d'air que les adultes. Ainsi, par unité de poids corporel, un enfant consomme 2 fois et demie plus de calories qu'un adulte et a une surface de peau double (152). De même, en raison d'une plus grande fréquence respiratoire, les enfants sont plus exposés aux pesticides présents dans l'air : on a montré que des enfants vivant dans une maison contaminée par le pesticide pentachlorophénol (PCP) en avaient dans le sang des quantités doubles de celles de leurs parents (153). Les enfants passent également plus de temps au niveau du sol, où ils sont susceptibles de rentrer en contact avec des pesticides qui se concentrent dans cette zone. Ils portent souvent leurs mains à leur bouche, ce qui favorise l'ingestion de résidus de pesticides présents sur le sol. Ce sont donc les premières victimes de l'accumulation à l'intérieur des maisons de poussières susceptibles de "piéger" des résidus de pesticides appliqués dans le jardin et dans la maison (154).
Par ailleurs, le régime alimentaire des enfants est bien moins varié que celui des adultes : ils consomment de plus grandes quantités de lait, de fruits, de jus de fruits et d'eau, en moyenne 5 fois plus de jus d'orange et 2 fois et demie plus d'eau par kilo de poids corporel qu'un adulte (155). Or, les fruits, les jus de fruits et l'eau contiennent fréquemment des résidus de pesticides.
Les quantités de pesticides ingérées, *via* de multiples sources, par unité de poids sont donc nettement plus élevées chez l'enfant que chez l'adulte.

– **Ils sont physiologiquement plus sensibles aux pesticides cancérogènes que les adultes.** Rappelons tout d'abord que l'enfant est exposé aux pesticides dès avant sa naissance. Pour de nombreux scientifiques, l'exposition préconceptionnelle des parents peut faire partie des mécanismes de cancérogenèse chez l'enfant car elle peut provoquer des mutations des cellules reproductrices des parents (157). Quant à l'exposition du fœtus aux pesticides in utero, elle peut causer des mutations cellulaires ou des altérations des fonctions hormonales ou immunitaires, favorisant l'apparition de certains cancers (158).
Ensuite, des études montrent que les enfants risquent davantage de développer un cancer consécutivement à une exposition à une substance cancérogène que s'ils sont exposés plus tard dans leur vie. Pour les scientifiques, cela est dû au fait que, pendant l'enfance, les cellules se divisent plus rapidement et que toute mutation intervenant dans une cellule à cette période est plus à même d'être transmise à ses cellules sœurs avant d'être réparée (159).

Les résultats de nombreuses enquêtes épidémiologiques confirment cette sensibilité particulière des enfants aux pesticides. Les cancers de l'enfant les plus souvent associés avec une exposition aux pesticides sont les leucémies, les tumeurs du cerveau, les sarcomes, les lymphomes et les tumeurs de Wilm (160). La nature de l'exposition associée à ces risques accrus de cancers chez l'enfant est très variée. Cela peut être une exposition paternelle avant ou durant la grossesse, une exposition à des pesticides agricoles ou encore l'utilisation de pesticides dans les jardins ou à la maison.

Des études épidémiologiques récentes confirment les risques liés aux utilisations domestiques (jardin ou maison), notamment pour certaines tumeurs cérébrales (161) et pour les lymphomes (162).

Classification des pesticides en fonction du risque de cancer pour l'homme (163)

Trois institutions s'intéressent particulièrement au risque de cancer pour l'homme : l'IARC (International Agency for Research on Cancer), l'US EPA* (Environmental Protection Agency, États-Unis) et l'Union européenne (UE*). Elles ont établi, sur la base de critères quelque peu différents, des classes de risques (voir annexe IX).

L'ONG Pesticide Action Network UK (PAN* UK : réseau d'action contre les pesticides basé au Royaume-Uni) a publié une liste de tous les pesticides classés cancérogènes probables ou possibles d'après au moins l'une de ces trois organisations (164). Cette liste comptait plus de 160 substances en mars 2001! (Voir annexe IX)

Le tableau ci-contre réalisé à partir de la liste de PAN UK et de la liste des pesticides autorisés en France montre que 78 pesticides autorisés en France au 1er janvier 2001 font partie de cette liste de cancérogènes potentiels ou avérés!

On voit dans ce tableau tout le retard de l'Union européenne en matière d'évaluation des risques de cancers pour l'homme liés aux pesticides par rapport à l'EPA. Sans compter qu'aucune de ces agences n'a encore intégré les progrès les plus récents réalisés dans le domaine de la carcinogenèse (voir les travaux du docteur Pluygers) ni les résultats des dernières études épidémiologiques. S'ils l'avaient fait, nul doute que la liste serait encore plus longue.

Pesticides utilisés en France et suspectés d'être cancérogènes

Pesticide	Herbicide: H Insecticide : I Fongicide : F Acaricide : A Régulateur : R	Cancérogène suspecté par : UE, EPA, IARC	Pesticide	Herbicide, insecticide, fongicide...	Cancérogène suspecté par : UE, EPA, IARC
Acéphate	I	EPA	Isoxaben	H	EPA
Acifluorfen	H	EPA	Linuron	H	EPA
Alachlore	H	UE, EPA	Malathion	I, A	EPA
Amitraze	A, I	EPA	Mancozèb	F	EPA
Amitrole	H	UE, EPA IARC	Manèbe	F	EPA
Atrazine	H	EPA	Métam sodium	F, I, H	EPA
Bénomyl	F	EPA	Méthidathion	I, A	EPA
Bifenthrin	I, A	EPA	Métolachlore	H	EPA
Bromacil	H	EPA	Molinate	H	EPA
Bromoxynil	H	EPA	Norflurazon	H	EPA
Buprofézine	I	EPA	Oryzalin	H	EPA
Captane	F	UE, EPA	Oxadiazon	H	EPA
Carbaryl	I, R	UE, EPA	Oxadixyl	F	EPA
Carbendazim	F	EPA	Oxyfluorfène	H	EPA
Chlorothalonil	F	UE, EPA, IARC	Parathion éthyl	I, A	EPA
Clofentezine	A	EPA	Pendiméthaline	H	EPA
Cyanazine	H	EPA	Phosmet	I	EPA
Cypermethrine	I	EPA	Prochloraz	F	EPA
Cyproconazole	F	EPA	Propargite	A	EPA
Daminozide	F	UE, EPA	Propiconazole	F	EPA
Dichlobénil	H	EPA	Pyréthrines	I	EPA
Dichlorvos	I, A	EPA, IARC	Pyriméthanil	F	EPA
Diclofop	H	EPA	Simazine	H	UE, EPA
Difénoconazole	F	EPA	Tébuconazole	F	EPA
Diméthoate	I, A	EPA	Terbutryne	H	EPA
Diuron	H	EPA	Tétraconazole	F	EPA
Fenbuconazole	F	EPA	Thiabendazole	F	EPA
Fenoxycarbe	I	EPA	Thiodicarbe	I	EPA
Fipronil	I	EPA	Triadiméfon	F	EPA
Folpel	F	UE, EPA	Triadiménol	F	EPA
Fomesafen	H	EPA	Triallate	H	EPA
Haloxyfop	H	EPA	Tribénuron	H	EPA
Hexaconazole	F	US	Trichlorfon	I	EPA
Hexythiazox	A, I	EPA	Trifluraline	H	EPA
Hydraméthylnon	I	EPA	Triflusulfuron	H	EPA
Imazalil	F	EPA	Vinclozoline	F	EPA
Iprodione	F	EPA	Zirame	F	EPA
Isoproturon	H	UE			

Un certain nombre d'études épidémiologiques mettant en relation exposition aux pesticides et cancer chez l'adulte ou l'enfant sont rassemblées dans les deux tableaux ci-après.

Pesticides et cancers chez l'adulte.

Type d'affection	Mise en évidence	références
Lymphome Non Hodgkinien	- chez les professionnels : plusieurs études trouvent des corrélations entre des herbicides spécifiques (2,4-D) et l'apparition de LNH . Sont également en cause : atrazine et glyphosate. (voir note 46) - chez des riverains de zones d'application : au Canada une étude montre le doublement de la fréquence des LNH mortels dans des zones agricoles où sont pulvérisés des herbicides.	165 166
Myélome multiple	- chez les professionnels :jusqu'à 5 fois plus de risque de contracter un MM chez les utilisateurs d'herbicides.	167
Leucémie	- chez les professionnels : d'après le registre des cancers de Californie centrale il existe une corrélation entre l'utilisation es herbicides 2,4-D et atrazine et la leucémie chez les hommes d'origine hispanique.	168
Sarcome des tissus mous	- chez les professionnels : le développement de STM est fréquemment lié dans la littérature scientifique à l'exposition aux herbicides phenoxy (risque multiplié par 10 par rapport aux personnes non exposées)	169
Tumeurs du cerveau	- chez les professionnels : la thèse du Professeur JF Viel montre que : la mortalité par cancer du cerveau et l'exposition aux pesticides utilisés dans les vignes sont statistiquement liées.	170
Cancers gastro-intestinaux	- chez les professionnels : l'exposition aux pesticides organochlorés apparaît liée à toute une variété de cancers gastro-intestinaux. Ainsi les professionnels exposées au DDT ont jusqu'à 7 fois plus de risque de développer une cancer du pancréas.	171
Cancers de l'appareil urinaire	- chez les professionnels : le fait d'être exposé aux pesticides agricoles a été corrélé avec un risque accru de cancer du rein.	172
Cancer des testicules	- les enfants dont les parents ont une activité agricole ont une plus forte proportion de cancers des testicules. Les affections peuvent apparaître chez l'enfant ou le jeune adulte.	173
Cancer de la prostate	- de nombreuses études montrent la corrélation entre l'exposition aux pesticides et le cancer de la prostate .	174
Cancer de la thyroïde	- une région du Minnesota où sont largement utilisés les fongicides du type : manèbe, mancozèbe... a un taux de cancers de la thyroïde trois fois supérieur à la normale.	175

Pesticides et cancers chez l'enfant

Type d'affection	Mise en évidence	références
Leucémie	- l'exposition professionnelle des parents aux pesticides semble augmenter le risque de leucémie chez l'enfant.	176
LNH	- les enfants de parents travaillant dans l'agriculture ont plus de risque de développer un LNH que les autres.	177
Cancers du cerveau	- une étude conduite en France montre que l'utilisation de pesticides à la maison augmente le risque de cancer du cerveau chez l'enfant.	178
Sarcomes	- le traitement des pelouses par des pesticides a été relié à un taux accru de Sarcome des tissus mous chez l'enfant .	179
Tumeur de Wilm	- les enfants de père travaillant dans l'agriculture ont plus de risque de développer une tumeur de Wilm que les autres.	180

chapitre **9.** Pesticides et santé, la partie immergée de l'iceberg

Les atteintes chroniques dues aux pesticides sont dénoncées par de nombreux scientifiques, comme nous l'avons vu dans les chapitres précédents. Et pourtant, les études de risque prévues pour tester les pesticides sont insuffisantes pour nous protéger de ces dangers. Ainsi, la directive européenne 91/414/CEE, qui gère les évaluations des pesticides et leur autorisation de mise sur le marché, comporte de nombreuses lacunes. Les tests qu'elle prévoit sont insuffisants. Il n'y a pas, par exemple, de tests spécifiques pour la mise en évidence d'effets de perturbations du système endocrinien et les tests d'immunotoxicité ne sont pas systématiquement requis! De plus, elle prévoit l'obligation de définir une DJA* (dose journalière admissible) pour tous les produits cancérogènes non génotoxiques*, ce qui a peu de sens, puisque dans ce cas on ne peut pas fixer de seuil. Enfin, l'évaluation des pesticides ne tient pas compte des effets sur les organismes les plus sensibles, notamment le fœtus et l'enfant, pour lesquels il serait souhaitable d'appliquer un facteur de protection supplémentaire comme c'est le cas au États-Unis. Elle ignore également les effets de synergie* des combinaisons de pesticides et ceux des composants dits "inertes" dans les formulations commerciales de pesticides.

Synergies et dose journalière admissible

Nos organismes sont contaminés par plusieurs centaines de composés chimiques différents apportés par notre nourriture, notre eau de boisson, l'air que nous respirons, parfois même notre mère *via* le placenta ou le lait maternel. Pourtant, les animaux de laboratoire sur lesquels sont testés les effets des différents produits chimiques, et donc les pesticides, ne sont soumis qu'à l'exposition d'un seul composé. De fait, comme le remarque D. Carpenter : «La plupart de l'information sur les effets négatifs pour la santé humaine des polluants auxquels nous sommes exposés, par notre environnement ou dans notre travail, vient d'études qui ne se sont intéressées qu'à des substances isolées.» (181)

Dans quelle mesure des pesticides peuvent-ils agir en synergie et avoir ensemble des effets plus importants que la somme des effets de chacun d'eux? Plusieurs études tendent à prouver que ce phénomène de synergie est bien réel. Ainsi, des chercheurs se sont livrés récemment à des expériences sur des animaux de laboratoire avec différents mélanges à base des trois contaminants fréquemment trouvés dans les eaux souterraines des régions agricoles des États-Unis : l'aldicarbe, l'atrazine et les nitrates. Ils ont mis en évidence des effets de synergie entre ces différents composants – à des niveaux de contamination rencontrés dans les ressources en eaux des États-Unis –, sur le système immunitaire et endocrinien, ainsi que sur le comportement (182). Une autre étude a mis en évidence des effets de synergie entre des pesticides aux potentiels œstrogéniques faibles. Le mélange de ces pesticides avait des effets 150 à 1600 fois supérieurs à ceux de chaque pesticide pris isolément (183).

Une équipe française vient de mettre en évidence expérimentalement que des anomalies du fonctionnement du cycle cellulaire pouvaient être provoquées par des effets de synergie entre le glyphosate (substance active du Roundup) et des produits de formulation du Roundup (183a).

Tout récemment, une équipe de chercheurs anglais mettait en garde contre les effets des mélanges de dizaines de substances toxiques, et particulièrement de pesticides, auxquelles nous sommes exposés. Leur travail a mis en évidence des synergies entre les résidus de plusieurs pesticides en mélange, qui multipliaient par 10 la toxicité des composés pris isolément. Le responsable de la recherche, le docteur Vyvyan Howard, soulignait : «Quand vous savez que chacun d'entre nous se promène avec quelques centaines de substances chimiques dans le corps, depuis parfois 50 à 60 ans, alors vous avez une idée de la complexité du problème!» (184). Dans une autre étude, M. Soto concluait : «Mesurer l'impact œstrogénique total des contaminants présents dans l'environnement aurait sans doute plus de sens que l'évaluation de l'exposition à chacune des substances œstrogéniques [qu'il contient]» (185). Conclusion logique et cohérente qui pose une question affolante : comment tester les divers effets combinés sur la santé et l'environnement de toutes les associations possibles des quelques centaines de pesticides utilisés en agriculture, qui eux-mêmes interagissent avec des milliers d'autres substances toxiques présentes dans l'environnement?

Imaginer le nombre d'expériences nécessaires pour une telle évaluation donne le tournis. Un scientifique s'est pourtant "amusé" à en faire l'estimation, par un calcul tout théorique et un tantinet provocateur. Sachant qu'environ 200000 produits chimiques divers sont utilisés, il a calculé qu'environ 280 milliards de différents cas possibles seraient à étudier et qu'il faudrait pour chacun d'entre eux considérer les milliers de conditions d'expositions environnementales possibles! (186)

Lors de l'évaluation des risques liés aux pesticides, on établit la DJA (dose journalière admissible) pour chaque substance. Découlant d'expérimentations animales réalisées avec une seule substance, le calcul de cette DJA ne tient pas compte des synergies. Le docteur Pluygers, cancérologue, insiste (188) : «La notion de DJA [...] est d'autant plus obsolète qu'elle est établie pour des substances isolées, alors que l'exposition de la population se fait toujours à des mélanges complexes dont les effets n'ont pas été déterminés mais dont on sait qu'ils sont souvent additifs, voir multiplicatifs.»

La toxicité des adjuvants dits "inertes"

Les pesticides utilisés en agriculture ne sont pas constitués que d'une seule substance active. En effet, il s'agit de formulations composées de matières dites "actives" (celles qui vont détruire, repousser, arrêter les maladies, les ravageurs* ou les herbes concurrentes) et de matières dites "inertes". Ces dernières sont utilisées comme solvants, surfactants, diluants, catalyseurs, synergiques, etc. L'homologation d'un produit se fait suite à une série de tests sur sa matière active, mais on tient peu compte de la toxicité potentielle des adjuvants présents dans le produit formulé. Or, il arrive que les ingrédients prétendus "inertes" entrant dans la formulation d'un produit commercial soient encore plus toxiques que la matière active elle-même! Ainsi on peut penser que la matière active glyphosate n'est pas la cause première de toxicité, mais bien plutôt les ingrédients qui lui sont associés. Parmi ceux-ci, l'agent surfactant polyoxy-éthyleneamine (POEA), et divers autres ingrédients couverts par le secret commercial. Des chercheurs ont calculé que le POEA, en intoxication aiguë, est 3 fois plus toxique que le glyphosate seul (sa DL50 est 3 fois plus faible) (189,190).

Certains contaminants peuvent être présents sous la forme d'impuretés. C'est le cas des dioxines et des furanes (substances cancérogènes et classées parmi les POPs*), qui sont produits pendant la fabrication, l'utilisation et la dispersion de pesticides comme le pentachlorophénol, ou le 2,4-D. On sait également que de nombreux ingrédients "inertes" et contaminants de divers produits pesticides exercent des effets immunosuppresseurs variés chez plusieurs espèces animales (191).

Les demandes des associations européennes en matière d'évaluation des pesticides

Le processus d'autorisation des pesticides a été harmonisé au niveau européen par la directive 91/414/CEE du 15 juillet 1991. Cette directive présente un certain nombre d'insuffisances aux yeux des ONG environnementales. Face à ces insuffisances, les associations européennes réunies dans le réseau PAN* Europe (Pesticide Action Network, réseau d'action contre les pesticides) proposent des mesures (192). Elles demandent que les futures régulations soient basées sur le plus haut niveau de protection possible, en accord avec le principe de précaution. PAN Europe suggère une procédure en deux temps :

1. Exclusion des substances actives considérées comme non acceptables sur des critères de dangerosité. Seraient *a priori* exclues les substances considérées comme toxiques, persistantes ou bio-accumulables*.

- **Toxiques :** ne devraient pas être autorisées les substances (ou leurs métabolites*) qui sont : cancérogènes, mutagènes, toxiques de la reproduction, perturbateurs endocriniens, allergisantes, toxiques aiguës (classification OMS Ia, Ib, II) ;
- **Persistantes :** ne devraient pas être autorisées des substances dont les demi-vies* sont supérieures à 60-90 jours dans le sol et à 30-40 jours dans les eaux de surface ;
- **Bio-accumulables :** certaines substances ont la faculté de se concentrer dans les organismes vivants. Ne devraient pas être autorisées les pesticides possédant un facteur de bioconcentration supérieur à 500.

2. Évaluation des autres substances actives

Même si des substances ne sont pas éliminées par les critères d'exclusion précédents, elles peuvent néanmoins présenter un risque pour la santé humaine et l'environnement. Il faudra donc les évaluer sérieusement en mettant en place :

- une évaluation comparative, qui permet d'identifier l'alternative la moins dangereuse pour une utilisation de pesticide donnée (en utilisant le principe de substitution). On privilégiera les alternatives non chimiques;
- la transparence dans le processus d'autorisation. Le public pourra avoir accès aux informations sur les propriétés des pesticides sans que la prétendue "confidentialité commerciale" ne permette aux régulateurs de garder par-devers eux des informations importantes;
- une évaluation de la toxicité des combinaisons de pesticides ;

- une prise en compte plus rapide des effets nouvellement reconnus, comme la perturbation endocrinienne*;
- une protection spéciale pour les groupes vulnérables, comme les enfants, en introduisant un facteur de sécurité supplémentaire de 10 pour leur protection;
- une indication claire de l'usage pour lequel un pesticide est autorisé;
- la lutte intégrée (dont une définition claire devra être donnée) comme remplacement des "bonnes pratiques agricoles" actuelles;
- l'exclusion des "usages essentiels" de certaines substances par certains pays si ces substances ne satisfont pas aux critères de la directive européenne relative à l'homologation.

Mais, au-delà d'une meilleure évaluation des pesticides employés, les associations du réseau PAN Europe pensent qu'il faut réduire de manière importante l'utilisation de ces substances dangereuses. Ce point sera développé dans le chapitre XII.

chapitre **10.** Hécatombe dans les pays pauvres

«Le 24 août 1999, dans le village de Marégourou, au Bénin, trois garçons âgés de 12 à 14 ans sont allés sarcler le champ de coton de leur père. Le coton y était cultivé en association avec du maïs. La veille, le père avait traité le champ avec de l'endosulfan et les garçons n'étaient pas au courant. Après les travaux champêtres, ils ont récolté quelques épis de maïs qu'ils ont mangés. Quinze minutes plus tard, ils commençaient à vomir. Ils ont été transportés à l'hôpital de Bemkéréké où l'un des garçons, âgé de 12 ans, est décédé. Les deux autres ont pu être sauvés.» (193)

On estime – nous l'avons vu – à 1 million par an le nombre d'intoxications accidentelles par les pesticides dans le monde et à 20000 celui des cas mortels (194), la majorité dans les pays les plus pauvres, où les paysans sont particulièrement exposés aux dangers que représentent les pesticides puisque les précautions d'emploi prises dans les pays occidentaux n'y sont que très rarement mises en œuvre. Appât du gain maximal et cynisme des firmes occidentales face aux dangers courus par les populations de ces pays, utilisation de matières particulièrement dangereuses ou même interdites dans les pays dits développés, manque de formation des utilisateurs, illettrisme… sont autant d'explications à cette situation.

La catastrophe de Bhopal : un cas unique?

Le 3 décembre 1984, vers une heure du matin, dans l'usine de pesticides d'Union Carbide de Bhopal, en Inde, une explosion projeta dans l'air un nuage gazeux qui s'étendit rapidement au gré des vents sur les quartiers de la ville les plus proches, tuant des milliers de personnes sur son passage… Les gaz brûlaient les poumons et les yeux des gens et attaquaient leur système nerveux. Certains furent pris de convulsions terribles et tombèrent morts, d'autres moururent étouffés par les sécrétions de leurs propres poumons brûlés. La mort frappa cette population dans son sommeil, sans qu'aucune alerte n'ait été donnée à temps. On parle aujourd'hui d'un bilan compris en 16000 et 30000 morts, dont 6000 durant la semaine de la catastrophe, et de 250000 à 500000 blessés… mais l'ampleur de la catastrophe fut telle et les autorités

tellement dépassées par la situation apocalyptique provoquée par cet accident qu'aucun bilan exact ne peut être aujourd'hui avancé !
Les blessés souffrirent de lésions pulmonaires et des yeux, mais aussi d'atteintes du foie, des reins, des appareils digestif et génital, des systèmes nerveux et immunitaire. Des séquelles psychologiques graves touchèrent également la population : névroses, crises de panique, dépressions, suicides frappèrent un grand nombre de survivants.

Que s'était-il passé ?

L'usine de l'entreprise Union Carbide, construite en bordure de la ville de Bhopal (ville de 1 million d'habitants de l'État indien du Madhya Pradesh), fut mise en service en 1980 pour assurer la production de 5 000 tonnes par an d'un pesticide, le Sevin. Le processus de fabrication de cet insecticide met en jeu des composés particulièrement toxiques et dangereux. Il consiste en effet à faire réagir du gaz phosgène (plus connu sous le nom de gaz moutarde, celui qui a tué des milliers de combattants de la Première Guerre mondiale) avec un autre gaz, le monométhylamine. Cette réaction donne lieu à la naissance d'une nouvelle molécule : l'isocyanate de méthyle (ou MIC pour *methyl iso-cyanate*, en anglais). Ce MIC combiné avec de l'alpha-naphtol donne naissance au Sevin. Le MIC est un des composés chimiques les plus dangereux qui soient. L'exposition à ses vapeurs peut causer une mort foudroyante, brûler les poumons, causer des cécités irréversibles… (195) Il a la propriété de se décomposer sous l'effet de la chaleur en d'autres molécules elles aussi mortelles comme le sinistre acide cyanhydrique, adopté par nombre de pénitenciers américains pour exécuter les condamnés à mort. La cohabitation de ces poisons effrayants sur le site de cette usine devait conduire à ce qui fut la plus grande catastrophe industrielle de tous les temps. Peu après minuit, le 3 décembre 1984, suite à une infiltration d'eau consécutive à des négligences et des défaillances matérielles, la pression et la température se mirent à monter dangereusement dans la cuve 610 contenant 42 tonnes de MIC. L'explosion qui s'ensuivit libéra un nuage de gaz composé de ce MIC mais aussi de phosgène, d'acide cyanhydrique, et autres gaz mortels.

Bhopal aujourd'hui

Aujourd'hui encore, dix-sept ans après, Bhopal compte environ 250000 personnes souffrant de séquelles chroniques liées à la maladie, soit un quart de la population. Les cas de détresse respiratoire, de toux persistante, de fièvres récurrentes, de désordres neurologiques, de faiblesse, de dépression et d'anxiété sont les plus communs. La cataracte précoce et l'opacité de la cornée touchent plus d'un demi-million de personnes. La tuberculose frappe ici 3 fois plus que dans le reste de l'Inde, les taux de cancers et de stérilité augmentent (196) et l'on craint que le nombre inhabituellement élevé d'aberrations chromosomiques mises en évidence chez les personnes touchées par les gaz n'induise des malformations chez la descendance de ces survivants.

Autre héritage de l'Union Carbide : une grave pollution de l'environnement autour de son ancienne usine. En 1999, Greenpeace International a fait des prélèvements de sol et d'eau souterraine sur différents sites autour de l'usine. L'organisation écologiste a mis en évidence la présence dans la nappe phréatique de 12 produits organiques volatils dépassant fortement les valeurs fixées par l'EPA*. Dans son rapport, Greenpeace rappelle les dangers inhérents aux composés trouvés : dichlorobenzène, trichloroéthylène, chloroforme, tétrachlorométhane sont cancérogènes et peuvent provoquer, entre autres, des dégâts sur le foie et les reins (197). Un cinquième de la population n'a toujours pas accès à l'eau livrée par citernes par le gouvernement, et 6 localités ne reçoivent toujours pas d'eau potable. Environ 5 000 familles utilisent de l'eau contaminée pour boire, se laver et cuisiner.

Malheureusement, si la catastrophe de Bhopal est unique par son ampleur, elle n'est pas la seule du genre dans les pays en voie de développement. Ainsi le 5 novembre 1997, à Antananarivo (Madagascar), un entrepôt de la firme Hoechst explose et brûle, polluant les rizières alentour et l'eau potable. Le 29 décembre 1997, une explosion intervient également dans un dépôt de pesticides situé à Surabaya (Indonésie). Mais l'accident le plus marquant depuis la catastrophe de Bhopal est sans conteste l'incendie de l'usine de la société Anaversa, à Cordoba, au Mexique. Des milliers de litres de pesticides se consumèrent, polluant la zone habitée. Si l'accident ne causa pas de morts sur le moment, il a eu depuis des conséquences tragiques : au moins 157 décès lui sont imputables, selon l'association des victimes. Depuis la catastrophe, le nombre de cancers et de malformations congénitales augmente, ce que nient, bien entendu, les autorités (198).

Mortelle culture du coton

Si la culture du coton n'occupe que 2,5 % des surfaces cultivées de la planète, elle reçoit 10 % des pesticides et presque 25 % des insecticides utilisés dans le monde (199). Cela représente un énorme marché d'environ 2,6 milliards de dollars. Une véritable manne pour des firmes comme Agrevo, Syngenta, Bayer, Cyanamid, Du Pont de Nemours, Aventis…

Les principaux pays producteurs de coton sont la Chine, les États-Unis, l'Inde, l'Ouzbékistan et le Pakistan. De nombreux pays d'Afrique (Soudan, Bénin, Égypte…) et d'Amérique du Sud (Nicaragua, Guatemala…), produisent également cette fibre.

Les producteurs de coton utilisent des insecticides et des fongicides qui comptent parmi les plus dangereux du marché, parmi lesquels l'aldicarbe, le phorate, le méthamidofos, l'endosulfan, le chlorpyrifos, le deltaméthrine… Des défoliants très toxiques, tels le 2,4-D et le 2,4,5-T, composants de l'"agent orange" (défoliant utilisé pendant la guerre du Vietnam), sont également utilisés pour permettre la récolte mécanique. Le nombre de traitements a augmenté avec le temps en raison des phénomènes de résistance apparus chez les ravageurs* menaçant les plants de coton : on est passé de 10 traitements annuels par avion dans les années 1950, à 30 voire 40 traitements dans certaines régions. Les pesticides employés constituent un danger réel non seulement pour les agriculteurs, mais aussi pour les communautés résidant au voisinage des zones de culture, pour la vie sauvage et pour l'environnement naturel.

La désertification de l'Ouzbékistan

Conformément à la volonté des planificateurs, les steppes, jadis fertiles, de l'Ouzbékistan avaient fini par assurer 90 % de la production de coton de l'ex-Union soviétique.

Le prix à payer a été terrible. L'emploi intensif de pesticides allié à l'irrigation forcenée a stérilisé les terres, trop contaminées par les pesticides et le sel. L'irrigation des champs de coton a partiellement asséché la mer d'Aral : près de 2 millions et demi d'hectares auparavant sous l'eau sont maintenant à sec et salés! Ce qu'il reste de la mer d'Aral, jadis la quatrième plus grande étendue d'eau douce du monde, est maintenant trop salé et pollué par les pesticides pour que les poissons y vivent normalement : il n'en reste plus que 4 espèces sur les 24 originelles. Les ressources en eau "potable" sont également contaminées et on trouve de plus en plus de résidus de pesticides dans le lait maternel. Des analyses de la poussière ont montré que tous les échantillons étaient contaminés par la phosalone, un pesticide organophosphoré largement utilisé dans cette zone (200). La population de la région connaît des problèmes de santé très importants. On assiste à une augmentation effrayante des malformations congénitales, des cancers, des maladies infantiles, des maladies du foie et des reins, etc.

L'endosulfan tue au Bénin

En 1998, l'Institut national de recherche sur le coton en Afrique de l'Ouest, le CIRAD (Centre de coopération internationale en recherche agronomique pour le développement), des représentants d'une compagnie cotonnière française et des spécialistes de l'industrie des pesticides mirent en chantier un projet destiné à lutter contre les résistances croissantes des parasites du cotonnier aux pyréthrinoïdes. Un rapport fut publié qui préconisait le recours à l'endosulfan pour lutter contre le principal ravageur du coton (*Helicoverpa armigera*). Ce programme fut adopté au Bénin et début 1999, cet insecticide fut distribué aux producteurs de coton, sous le nom commercial de Callisulfan, produit par la firme française Calliope (201).

Les premiers cas d'empoisonnement apparurent au mois d'août 1999; 37 personnes moururent dans la seule province de Borgou suite à un empoisonnement par l'endosulfan, 70 au total pour le pays tout entier. Le pays connut au moins autant de cas d'empoisonnements non mortels pendant cette période. L'hécatombe se poursuivit durant la campagne 2000/2001. Dans les régions de Borgou et d'Alibori, 24 morts et 241 cas d'intoxication par l'endosulfan ont été recensés pendant cette période (202). Pourquoi une telle hécatombe? Il apparaît, à travers divers témoignages, que les spécialistes ayant préconisé l'utilisation de l'endosulfan n'ont guère tenu compte de la réalité de la vie sur le terrain, comme nous le montre le témoignage suivant.

«Ce 29 juillet 2000, un jeune garçon de 8 ans avait travaillé dur au champ pour aider ses parents. Commençant à sentir la soif, il courut à la maison. Ne trouvant rien à boire, il partit à la recherche de ses parents. En chemin, il trouva une bouteille vide qu'il utilisa pour prendre de l'eau d'un fossé voisin afin de la boire. Cette nuit-là il ne retourna pas à la maison. Les villageois retrouvèrent son corps à côté de la bouteille de Callisulfan vide qu'il avait innocemment utilisée pour se désaltérer.» (193)

L'OBEPAB (Organisation béninoise pour la promotion de l'agriculture biologique) a longuement enquêté sur ces empoisonnements et en a mis en évidence les causes précises. Sur les 265 empoisonnements de la campagne 2000/2001, 162 sont dus à l'absorption de nourriture contaminée, 48 à l'exposition de personnes dans un local de stockage (88 % des paysans stockaient des pesticides dans la case où ils dormaient, pour les protéger du vol!), 43 cas à une contamination lors des travaux aux champs, 7 cas à une ingestion accidentelle et 5 seulement à des tentatives de suicide. L'OBEPAB a également attiré l'attention sur une pratique très dangereuse associée à l'utilisation agricole des pesticides : la pêche aux pesticides. Selon cette organisation, plus de 60 % des pêcheurs des régions étudiées se servent des pesticides pour pêcher, en jetant dans l'eau des boulettes d'argile imprégnées d'insecticide, le poisson tué de cette manière étant ensuite utilisé pour la consommation familiale ou vendu sur les marchés locaux!
L'environnement et les espèces sauvages sont également fortement menacés par l'emploi de l'endosulfan. Un paysan de la province de Borgou témoigne de ce qu'il a vu après un traitement avec cet insecticide : « Les vers sortaient du sol et mouraient. Des oiseaux arrivaient pour manger les vers et mouraient aussi. Les champs avaient une odeur terrible deux ou trois jours après le traitement parce que presque tout être vivant avait été tué et commençait à se décomposer. »

Des problèmes de reproduction pour les fermiers utilisant les pesticides dans les champs de coton de l'Andhra Pradesh, en Inde

Une étude a été conduite dans cet État de l'Inde auprès d'un groupe de 1 016 couples dans lequel l'homme était directement exposé aux pesticides utilisés dans les champs de coton.
Ce groupe a été comparé à une population témoin de 1 020 couples non exposés du même niveau socio-économique et de la même tranche d'âge. Les résultats parlent d'eux-mêmes :

	Population exposée	Population non exposée
Avortements	26 %	15 %
Enfants mort-nés	8,7 %	2,6 %
Décès de nouveau-nés	9,2 %	2,2 %
Malformations congénitales	3 %	0,1 %

Source (203)

Au Kerala, en Inde, on pulvérise du poison depuis le ciel !

Le mystère aura duré plus de deux décennies! Pendant plus de vingt années, le district de Kasargod, dans la province du Kerala, en Inde, a connu des événements dramatiques sans que jamais aucun commencement d'explication ne soit fourni. Cette région a été accablée, depuis la fin des années 1970, par l'apparition d'un nombre incroyablement élevé de cas de désordres neurologiques, de morts par cancer et de naissances de bébés anormaux (204).
Rien dans cette région accidentée et verdoyante ne semblait pourtant devoir prédisposer ses habitants à subir de telles atteintes!
Cependant, dès 1981, Shree Padre, un journaliste local, également agriculteur, avait publié dans un magazine un rapport sur la naissance de veaux aux membres déformés après des pulvérisations de pesticides, principalement d'endosulfan, par hélicoptère dans la région. Ce pesticide organochloré est employé pour lutter contre un ravageur de l'arbre à thé, qui affecte les rendements des plantations d'anacardiers produisant la célèbre noix de cajou.
Les animaux sauvages semblent également touchés. Le docteur Sripathi Kanjampady constate, lui, que « quelques jours après les pulvérisations, il n'est pas rare de trouver des masses d'abeilles mortes ou en train de mourir... ».
Ces pulvérisations aériennes sont appliquées depuis 1976 sur les cultures de noix de cajou mises en place par le gouvernement régional du Kerala en 1963-1964. Les plantations, propriétés du PCK (Plantation Corporation of Kerala) s'étendent sur quelque 4500 hectares. Les hameaux et les villages de cette zone sont parfois très proches des plantations, les écoles également.

Le docteur Mohana Kumar, médecin local, qui travaille là depuis une vingtaine d'années, a bien signalé en 1997 au journal médical du Kerala le nombre particulièrement élevé de personnes souffrant de maladies du système nerveux central et sollicité l'intervention de chercheurs... sans réponse. Il a alors décidé de mener sa propre enquête. Les résultats sont affolants. Dans une zone de 4 kilomètres carrés comptant 400 foyers, il a enregistré 202 cas de personnes souffrant de problèmes psychiatriques, de retards mentaux, d'épilepsie, d'anomalies congénitales et de cancers mortels! (205)
« Les désordres du système nerveux central sont très courants dans la région – paralysie cérébrale, retards mentaux, épilepsie. Les anomalies congénitales, notamment l'atrophie des membres, sont également nombreuses, ainsi que des cas de cancers du foie et du sang, d'infertilité et de testicules non descendus chez

Shruti (photo : Shree Padre)

Kittana, atteint de paralysie cérébrale, soutenu par sa mère (photo : Shree Padre)

les hommes, de fausses couches et de désordres hormonaux chez les femmes, de problèmes de peau, d'asthme, etc. Les problèmes psychiatriques et les tendances suicidaires sont également en augmentation», a déclaré le docteur Kumar à un magazine de New Delhi.

Suivons Shree Padre et le docteur Mohana Kumar dans les endroits les plus touchés : plus de 200 villages dans un rayon de quelques kilomètres autour de la zone de pulvérisation où vivent environ 5000 personnes. Entre 60% et 80% des habitants de cette zone ont été touchés par ces pulvérisations.
Dans la petite école primaire publique de Vaninagar, près de 40% des enfants qui viennent de la zone de la plantation sont malades. Les symptômes varient de la paralysie cérébrale aux difformités physiques congénitales et aux retards mentaux. Une des élèves de cette école est Shruti, une fillette de 8 ans. Elle est intelligente, très active, jolie et aime l'école. Seulement, elle est née handicapée : ses mains et ses jambes sont déformées, son développement musculaire est très faible. Sa mère est morte d'un cancer il y a quelques années, et c'est sa belle-mère qui la porte à l'école quand elle en a le temps.

Dans un autre village, Shree Padre et le docteur Mohana Kumar rencontrent Kittana, 21 ans, atteint de paralysie cérébrale. Il est conscient de tout ce qui se passe mais est incapable de se déplacer ; il est à la charge entière de sa famille. À ses côtés, sa mère, Muththakka Shetty, a quatre enfants. Les deux plus jeunes ont des problèmes de santé graves. Ainsi son fils Sridhar, 16 ans, souffre de retard mental. Elle-même est également très contaminée par les pesticides appliqués dans la région. La concentration d'endosulfan dans son sang est 900 fois supérieure à la concentration maximale admissible (CMA) dans l'eau!

Cette contamination des organismes humains a été mise en évidence par une série d'analyses, réalisées à la demande d'une organisation basée à New Delhi, le Center for Science and Environment, sur des échantillons de sol, d'eau, de lait de vache, de beurre, de légumes, de poissons ainsi que de lait et sang humains prélevés dans la région. Les résultats sont choquants : des teneurs élevées en endosulfan ont été trouvées dans tous les échantillons. Dans le sol, l'eau et les légumes, des quantités d'endosulfan étaient plusieurs fois supérieures aux limites maximales autorisées. Quant aux échantillons de sang, ils étaient contaminés, comme celui de Muththakka Shetty, par des quantités d'endosulfan des centaines de fois supérieures à la CMA en vigueur pour l'eau!

Jayakumar Chelaton est coordinateur de l'association Thanal (réseau d'information et d'action pour la protection de l'environnement). Il travaille aux côtés de centaines d'autres représentants d'ONG écologistes du monde entier au sein du réseau IPEN (International Pops Elimination Network) qui lutte pour l'élimination des polluants organiques persistants, les sinistres POPs* évoqués précédemment. Il est formel : «Il a été prouvé que l'endosulfan est un perturbateur endocrinien et une substance génotoxique* (206). Les principaux organes touchés sont le système nerveux central, les reins, la peau et le système reproducteur», dit-il. Il fait remarquer que cette substance est classée "extrêmement toxique" par l' EPA, le ministère américain de l'Environnement.
Pourtant, le laboratoire Hoechst, qui produit l'endosulfan, n'hésite pas à affirmer que ce pesticide est «relativement sûr, efficace, sans danger pour l'utilisateur, les insectes utiles et l'environnement». Il a même été jusqu'à poursuivre en justice un toxicologue qui avait prétendu que ce produit était cancérogène. Mais, selon le professeur Roméo Quijano, toxicologue de l'université de médecine de Manille, aux Philippines, ces assertions sont sans valeur car de nombreuses études indépendantes viennent contredire les conclusions du document de l'OMS derrière lequel la compagnie se retranche. Plusieurs d'entre elles montrent clairement que l'endosulfan est un toxique chronique et aigu, qu'il peut causer des désordres mentaux, des perturbations neurologiques, des problèmes de reproduction et de développement, des dégâts au foie et aux

reins, des perturbations cardiaques et du sang, des problèmes de peau… Le professeur Quijano met également en avant des études qui montrent que ce pesticide serait cancérogène et génotoxique! (207)

Grâce à l'action de Shree Padre, du docteur Mohana Kumar et d'écologistes comme Jayakumar Chelaton, le scandale a enfin éclaté en 2001. La presse s'est emparée de l'affaire et, sous la pression des médias, la Haute Cour du Kerala a d'abord interdit la pulvérisation aérienne de l'endosulfan, avant que le Premier ministre de la province en interdise toute utilisation… provisoirement. Pourquoi aura-t-il fallu attendre plus de vingt ans pour que les autorités, qu'elles soient médicales ou administratives, réagissent? Pourquoi a-t-il fallu dépenser tant d'énergie dans ce combat juste pour faire arrêter ces pulvérisations? Toutes ces questions, Shree Padre se les pose, sachant bien que les dégâts sont, eux, irréversibles. Jayakumar Chelaton se révolte contre ces pratiques qui consistent à employer des pesticides dangereux sur des cultures intensives destinées à l'exportation, sources de dommages extrêmes à la santé humaine et à l'environnement naturel. Il souligne que des méthodes de production biologique de la noix de cajou existent et il demande qu'elles soient adoptées sans plus tarder. Son combat ne s'est pas arrêté là car d'autres provinces indiennes sont touchées par le même fléau et Jayakumar s'intéresse maintenant de près à la situation du district de Dakshina Kannada qui connaît la même situation que le Kerala. Un autre "Bhopal silencieux"…

Que faire des stocks de pesticides périmés?

Les pesticides périmés sont des produits obsolètes, interdits ou non identifiables. Avec le temps, ils se décomposent parfois en d'autres substances chimiques, qui peuvent s'avérer plus toxiques que le produit original. Depuis 1999, la FAO* (l'Organisation des Nations unies pour l'alimentation et l'agriculture) estimait les stocks de pesticides périmés des pays en voie de développement à 100000 tonnes, dont 20000 pour l'Afrique seulement. Depuis le 9 mai 2001, elle a sérieusement revu ses estimations à la hausse. Une nouvelle étude de la FAO a révélé que le volume des stocks de pesticides périmés est 5 fois supérieur aux estimations antérieures. Ces nouveaux chiffres alarmants portent les quantités de pesticides périmés à 100000 tonnes en Afrique et au Moyen-Orient, 200000 tonnes en Asie et 200000 tonnes en Europe de l'Est et dans l'ex-Union soviétique.

« L'héritage mortel des pesticides périmés est alarmant, et des mesures doivent être prises de toute urgence pour nettoyer les dépôts de résidus », affirme Alemayehu Wodageneh, expert de la FAO où il est coordinateur du Programme pour les pesticides périmés. « Les dépôts sont souvent abandonnés et en très mauvais état. Dans de nombreux cas, les pesticides sont abandonnés à ciel ouvert, ou encore stockés dans des structures de boue et de paille, avec des sols en terre ; et les barils métalliques se corrodent et laissent échapper leurs substances toxiques dans le sol. » (208)

Des fûts rouillés, éventrés, laissent échapper leur poison dans l'environnement (photo FAO)

Il ajoute : « Les habitants se plaignent de maux de tête, de nausées et de toux. Ces stocks "oubliés" ne sont pas seulement un risque pour la santé humaine, ils polluent aussi le sol et les nappes phréatiques. Ils peuvent contaminer de grandes étendues et les rendre impropres à la production agricole. » Parmi ces stocks figurent des substances parmi les plus dangereuses et les plus persistantes : aldrine, chlordane, DDT, dieldrine, endrine, heptachlore, malathion, parathion…
Pourquoi de telles quantités de pesticides dangereux périmés sont-elles stockées dans les pays en voie de développement ? Les causes sont multiples. Les pesticides interdits ne sont plus utilisés (en principe), s'accumulent et se détériorent avec le temps. Les pesticides ont une durée de vie limitée qui peut être encore raccourcie s'ils sont entreposés dans de mauvaises conditions, ce qui est souvent le cas dans les pays les plus pauvres. Certains produits livrés sont inutilisables car

les utilisateurs potentiels ne disposent pas de l'équipement adéquat ou ne peuvent pas lire la langue dans laquelle sont rédigées les instructions d'emploi. Dans de nombreux cas, les achats ou les dons de pesticides excèdent les besoins du pays, se détériorent et deviennent inutilisables (une mauvaise coordination entre les donateurs de pesticides est responsable d'une partie des stocks de pesticides obsolètes constitués en Afrique). Enfin, les intérêts commerciaux et la corruption ont largement contribué à développer des achats de pesticides surdimensionnés dans ces pays. Les producteurs occidentaux furent en effet bien contents de pouvoir se débarrasser dans les pays en voie de développement de leurs stocks de pesticides parfois interdits dans leurs propres pays! Ainsi, une ONG américaine a mis en évidence l'augmentation forte des exportations de pesticides persistants dangereux au départ des ports américains à destination de pays comme le Pakistan et le Vénézuela dans les années 1990. Cette ONG a estimé à 14 tonnes par jour la quantité de pesticides interdits aux États-Unis qui quittaient les ports en 1995-1996 (209). Le graphique ci-dessous confirme l'augmentation des exportations de pesticides persistants des États-Unis entre 1994 et 1998.

Exportations de pesticides persistants par les Etats-Unis (en tonnes)

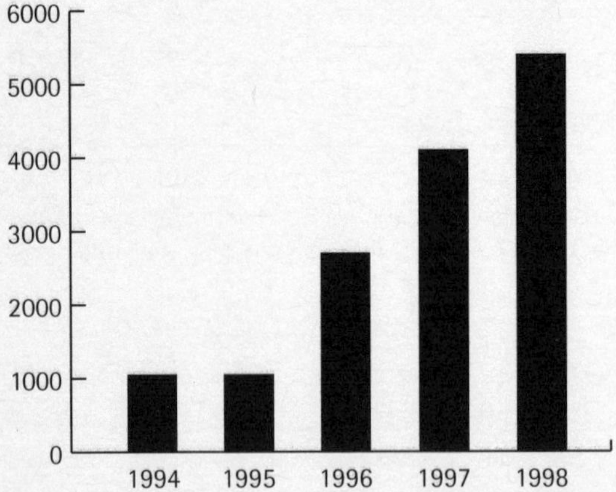

Source (209)

Sur le terrain, la situation est désastreuse. Prenons le cas de l'Afrique et allons dans le village d'Arjo, à l'ouest de l'Éthiopie, un des pays africains qui possèdent le plus de pesticides périmés (environ 3400 tonnes). «Les pesticides ont été apportés ici il y a 20 ans pour lutter contre les acridiens et autres ennemis des cultures, mais n'ont jamais été utilisés. Quelque 5,5 tonnes de vieux pesticides (DDT, malathion, méthylpirimiphos et phenitrothion) sont emmagasinées dans des bidons, des caisses et des sacs dans un bâtiment à un étage et dans une vieille grange délabrée. Par endroits, les murs sont fissurés et les déchets toxiques s'infiltrent dans le sol. Un simple cadenas interdit l'accès aux dépôts et il n'existe aucune mesure de sécurité particulière. Autour de ces bâtiments, les femmes préparent la nourriture, les enfants jouent, les chèvres et les moutons paissent. Les villageois se plaignent de maux divers, du mal de tête aux nausées et à la toux.» (210) Ailleurs, les atteintes peuvent être plus graves encore, quand c'est l'eau de boisson qui est polluée par les pesticides rejetés dans l'environnement ou quand un jeune s'empoisonne avec un pesticide "prélevé" sur ces stocks périmés et vendu dans une bouteille de whisky ou de Coca.

Comment se débarrasser de ces stocks dangereux? Actuellement, la solution utilisée est de les incinérer à haute température. Mais, faute d'incinérateurs adéquats en Afrique, les pesticides qui s'y trouvent doivent être expédiés en Europe. Éliminer une tonne de pesticides périmés en Afrique coûte de 3500 à 4000 dollars. Selon la FAO, nettoyer tout le continent africain de ces pesticides coûterait au total entre 80 et 100 millions de dollars. Pour l'instant, seules 2838 tonnes de pesticides périmés africains ont été détruites. Quelques pays ont déjà financé une petite partie de l'élimination pour 24 millions de dollars : Pays-Bas, Allemagne, Danemark, Suède, États-Unis... Les industriels n'ont eux contribué qu'à hauteur de... 300000 dollars! «Il faut que les fabricants de pesticides, secteur dominé par une poignée de compagnies américaines, européennes et japonaises, soient plus impliqués», affirme M. Wodageneh. «Il est crucial que les industriels financent le processus d'élimination car les agences d'aide des pays donateurs ne sont pas à même de couvrir la totalité des coûts.» L'industrie s'est engagée à participer à l'incinération des composés périmés et instables, note-t-il, mais jusqu'à présent leur contribution reste minime.

Les ONG environnementales s'inquiètent, elles, du recours systématique à l'incinération qui peut dégager des POPs dangereux. Elles encouragent et même initient des projets faisant appel à d'autres solutions. C'est le cas d'un projet pilote, fondé sur la transformation chimique des polluants, qui est coordonné par une coalition d'ONG (211), financé par le Fonds pour l'environnement mondial (FEM) et mis en œuvre par l'Organisation pour le développement industriel des Nations unies.

chapitre **11.** Effets négatifs des pesticides sur la faune sauvage

Septembre 2001, parc national du Nameri, État d'Assam, Inde. Cet État possède plus de la moitié des quelque 10 000 éléphants d'Asie que compte l'Inde aujourd'hui. Depuis un mois, 15 éléphants sauvages d'Asie ont été retrouvés morts. Des examens médico-légaux ont révélé la présence de Dimecron (phosphamidon) dans les carcasses. Le phosphamidon, insecticide maintenant interdit dans ce pays, est encore utilisé par certains paysans pour contrôler les insectes vecteurs de maladies. Les enquêteurs ne savent pas si les éléphants ont été délibérément empoisonnés par des habitants furieux de les voir piétiner des plantations ou s'ils ont pu s'intoxiquer en se nourrissant dans des champs traités (212).

De l'animal le plus imposant jusqu'aux minuscules bactéries du sol, une multitude d'animaux et d'organismes vivants sont victimes des pesticides. Il ne s'agit bien sûr pas ici de faire un état exhaustif de toutes les atteintes à la faune causées par les pesticides. Rachel Carson l'a fait de manière brillante et visionnaire dès 1962 (213). Rappelons qu'elle avait intitulé son livre *Printemps silencieux* parce qu'elle avait découvert que le DDT provoquait un amincissement de la coquille des œufs des oiseaux, ce qui menaçait la survie de ces espèces à terme. Le but de ce chapitre est simplement de faire, à l'aide de quelques exemples, un rapide tour d'horizon des impacts de la pollution par les pesticides sur la faune sauvage.

Les pesticides sont utilisés pour atteindre les plantes qu'ils sont censés protéger des maladies ou les animaux ravageurs* qu'ils sont censés détruire. Cependant, la part des quelque 2,5 millions de tonnes de pesticides appliqués chaque année sur les cultures de la planète qui entre effectivement en contact avec les organismes indésirables ciblés est très minime. Certains chercheurs l'évaluent à moins de 0,3 %, ce qui veut dire que 99,7 % des pesticides employés s'en iraient ailleurs, sur des objectifs non ciblés où ils vont créer de multiples dégâts chez l'animal, du plus gros au plus petit (214).

Impacts sur les mammifères, marins ou terrestres

Les morts de mammifères imputables aux pesticides sont généralement la conséquence de l'ingestion d'une nourriture contaminée. Les prédateurs amassent des quantités de résidus plus élevées que les herbivores. En effet, ils accumulent des polluants déjà concentrés aux différentes étapes de la chaîne alimentaire. On peut assister à des intoxications aiguës conduisant à des mortalités massives, comme lors de grandes opérations de lutte menées avec des organochlorés (215). On assiste également à des phénomènes importants de perturbation endocrinienne*. L'exposition péri- ou néonatale de mammifères à des pesticides comme l'aldrine, le chlordane, la dieldrine mais aussi l'atrazine – toujours utilisée en France[1] –, peut perturber la différenciation sexuelle de mammifères (216). Ainsi, le DDE semble à l'origine des problèmes rencontrés par les populations de pumas en Floride : inhibant la testostérone, il semble altérer le développement du puma mâle. Une telle inhibition peut notamment empêcher la descente des testicules. C'est ce phénomène, associé à une diminution de la concentration des spermatozoïdes, qui a conduit à une baisse dramatique de la fertilité de cette espèce dont les tissus contiennent des doses élevées de perturbateurs hormonaux tel le DDE (217). Des polluants comme le DDT ou ses métabolites* peuvent également avoir un effet de dépression du système immunitaire des mammifères. Une étude réalisée sur des dauphins de Floride a montré une corrélation nette entre le nombre réduit de lymphocytes* T (cellules responsables de la défense immunitaire) et des teneurs élevées en métabolites du DDT dans l'organisme (218). Cette constatation pourrait être à l'origine des mortalités massives de dauphins constatées récemment. Ces animaux ont pu succomber à des atteintes virales fatales après avoir vu leurs défenses immunitaires réduites par les organochlorés. En France, le 14 mai 2001, des analyses réalisées par le CNIID[2] sur trois dauphins *Delphinus delphis* échoués sur les côtes atlantiques françaises mettaient en évidence leur contamination par le DDT.

1. L'atrazine a enfin été interdite à la vente en France au 30 septembre 2002, mais les agriculteurs pourront l'utiliser jusqu'au 30 juin 2003.

2. CNIID : Centre national d'information indépendante sur les déchets. Ces analyses ont été réalisées par le CNIID dans le cadre d'un travail sur les POPs en commun avec le MDRGF (Mouvement pour les droits et le respect des générations futures), association présidée par l'auteur.

Impacts sur les oiseaux

Les oiseaux sont parmi les premières victimes des pesticides. Les insecticides organophosphorés peuvent engendrer des intoxications aiguës à faible dose. Le potentiel de toxicité aiguë est – nous l'avons vu – exprimé par la DL50 (dose létale 50), quantité de la substance chimique qui va tuer 50 % de la population animale testée. Une étude a montré que les DL 50 pour le canard colvert de 16 organophosphorés étaient inférieures à 20 mg* par kg de poids corporel, le plus toxique ayant une DL50 20 fois plus petite (219) ! Les herbicides peuvent être également mortels pour les oiseaux. Le dinosèbe tue des oiseaux sauvages à des doses de 7 mg par kilo de poids corporel.

Les oiseaux sont également victimes d'effets indirects :
- empoisonnement par consommation des proies contaminées par des pesticides ;
- privation de nourriture à la suite de l'utilisation de pesticides à spectre large qui tuent toute source de nourriture de l'oiseau ;
- modification des comportements suite à l'absorption de pesticides organophosphorés qui rendent les oiseaux plus vulnérables face à leurs prédateurs (les organophosphorés sont neurotoxiques*) ;
- modification du cycle ovarien ou même arrêt de la production des œufs, causés par des organophosphorés comme le méthyl-parathion ou le parathion ;
- effets sublétaux comme la perturbation endocrinienne.

On connaît de nombreux exemples de perturbation endocrinienne chez l'oiseau. L'exemple le plus classique est l'action du DDT et de ses métabolites sur les capacités de reproduction des oiseaux (220). Il réduit les quantités d'une hormone nécessaire aux femelles pour pondre des œufs et peut entraîner la ponte d'œufs à la coquille très mince (221). D'autres organochlorés comme le dicofol ont des effets similaires. Le DDT féminise l'embryon des œufs de goélands contaminés. Ces goélands féminisés auront à l'âge adulte des comportements sexuel et parental perturbés, menaçant la perpétuation de l'espèce (222).

Impacts sur les poissons et les organismes aquatiques

Les impacts sur la faune aquatique sont nombreux. En voici quelques exemples. L'atrazine peut produire des changements physiologiques chez la carpe (223). Le glyphosate est très toxique pour les poissons (224). On estime qu'aux États-Unis, entre 1977 et 1987, 6 à 14 millions de poissons sont morts, chaque année, à cause des pesticides (225). Les organismes aquatiques y sont eux aussi très sensibles. Des plans d'eau traités par l'insecticide chlorpyrifos ont vu leur équilibre écologique totalement bouleversé, les populations d'insectes prédateurs ont été plus touchées que celles des insectes nuisibles visés, laissant la place libre à plusieurs crustacés herbivores qui n'avaient plus de prédateurs. Les populations d'algues microscopiques dans les plans d'eau ont ensuite fortement augmenté. Ces conditions nouvelles étaient paradoxalement plus favorables aux insectes visés au départ par le traitement au chlorpyrifos (226).

Des grenouilles difformes - Courtesy Ohio University

Un autre exemple spectaculaire est le cas des grenouilles malformées qu'on trouve dans toute l'Amérique du Nord. Les grenouilles développent en effet des membres supplémentaires difformes et l'une d'elles a même été trouvée avec un œil qui lui poussait dans la gorge! Ce sont d'abord des lycéens de la New Country School à LeSueur, dans le Minnesota, qui ont trouvé ces grenouilles difformes en grandes quantités (voir photo ci-contre).

Il semble que l'eau des mares où vivent ces grenouilles soit responsable de ces difformités. En effet, de l'eau prélevée dans ces mares a induit les mêmes difformités au laboratoire. Plusieurs hypothèses sont avancées pour expliquer ce phénomène, mais la plus vraisemblable est que des pesticides comme le méthoprène soient responsables. Les produits de dégradation du méthoprène sont des perturbateurs endocriniens puissants. Ils imitent une substance naturelle, l'acide rétinoïque, qui, schématiquement, indique durant le développement où doivent se placer les membres. En imitant l'acide rétinoïque, le méthoprène peut troubler les signaux normaux qui indiquent où les membres doivent se placer chez l'embryon et combien doivent se former. L'acide rétinoïque a provoqué les mêmes difformités lors d'expériences en laboratoire sur des poulets, des souris et des grenouilles (227).

Impacts sur les insectes et les invertébrés

D'une manière générale, on sait que l'emploi massif des pesticides conduit à la diminution des effectifs d'insectes et autres invertébrés (228). Les pesticides, et particulièrement les insecticides, peuvent être dangereux pour les antagonistes (compétiteurs, prédateurs et parasites) des ravageurs ciblés et favorisent donc à ce titre un maintien de la population de ces ravageurs à long terme. Ainsi, une étude a montré que le Roundup fraîchement appliqué tuait plus de 50 % de la population de trois espèces d'insectes bénéfiques, dont une guêpe parasite et une coccinelle, et plus de 80 % de la population d'une espèce de scarabée prédateur (229). De plus, de nombreuses espèces d'insectes nuisibles, d'organismes pathogènes ou d'herbes concurrentes sont devenues résistantes aux pesticides au fil du temps. Nous assistons à une course sans fin entre le chimiste qui crée de nouveaux produits et la nature qui s'adapte !

Évolution du nombre d'espèces résistantes aux pesticides

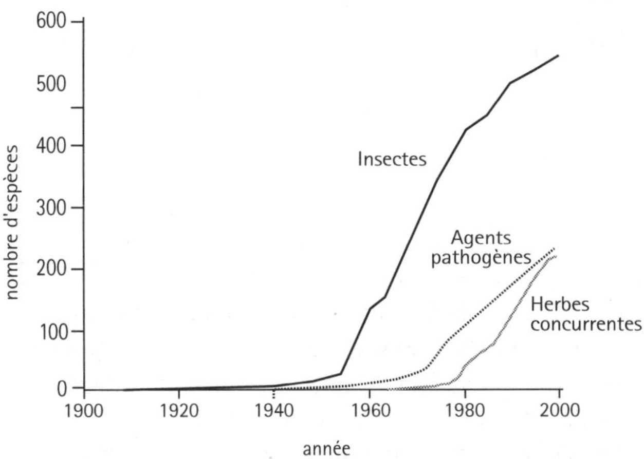

Source (230)

Récemment, les semences traitées avec les produits à base d'imidaclopride ont posé des problèmes particuliers. Ce produit, utilisé en enrobage de semences sous le nom commercial maintenant célèbre de Gaucho (firme Bayer), est dorénavant interdit pour l'utilisation sur les graines de tournesol. Mais il est encore largement utilisé pour le traitement des semences de maïs, d'orge et de blé. Ce produit est très persistant : sa demi-vie* dans le sol, de plus de 188 jours, dépasse d'ailleurs les limites habituelles des directives de l'Union européenne pour les insecticides (231). Les reliquats d'imidaclopride présents dans les sols les années suivant les cultures à base de graines traitées pourront être absorbés par des plantes mellifères comme le colza, le trèfle blanc, la luzerne, comme l'ont montré des travaux effectués par l'INRA* et le CNRS. Aucune recherche actuellement disponible ne contredit l'hypothèse de la nocivité de telles doses d'imidaclopride pour les ruches. Ces effets pourraient expliquer les pertes annuelles de ruches qui sont passées en quelques années de 8 % à 40 %, et également les diminutions des récoltes de miel. D'autres insectes pollinisateurs sont potentiellement sensibles à cette substance, ce qui pourrait engendrer un problème généralisé de baisse de la pollinisation naturelle.

Impacts sur la vie des sols

Dans le sol vivent des bactéries, des champignons, des algues, des vers de terre, des insectes… Beaucoup de ces organismes sont essentiels pour le maintien de la fertilité des sols. Malheureusement, de nombreux pesticides sont toxiques pour certains d'entre eux. Ainsi, le glyphosate pourrait avoir un effet négatif sur plusieurs espèces (233). Rappelons qu'il s'agit de l'herbicide le plus vendu au monde, les ventes croissant encore depuis l'introduction de la culture des organismes génétiquement modifiés (OGM*) (234).

Cet insecticide aurait notamment des effets négatifs sur l'activité de bactéries favorables à la fertilité des sols car fixatrices de l'azote, comme le montre le graphique ci-contre.

Effet du glyphosate sur une bactérie fixative de l'azote

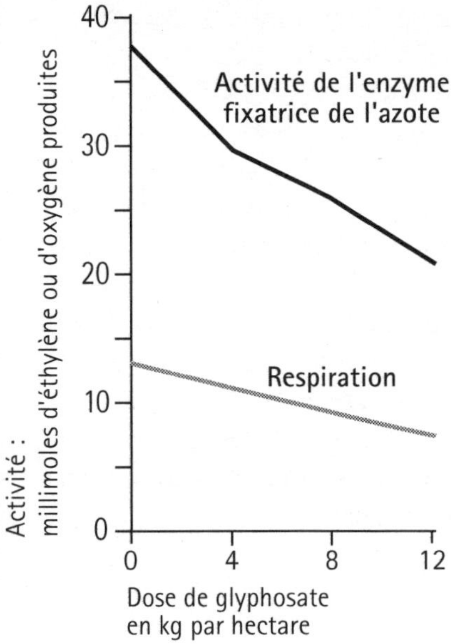

Source (235)

Effet du glyphosate sur la croissance du vers de terre

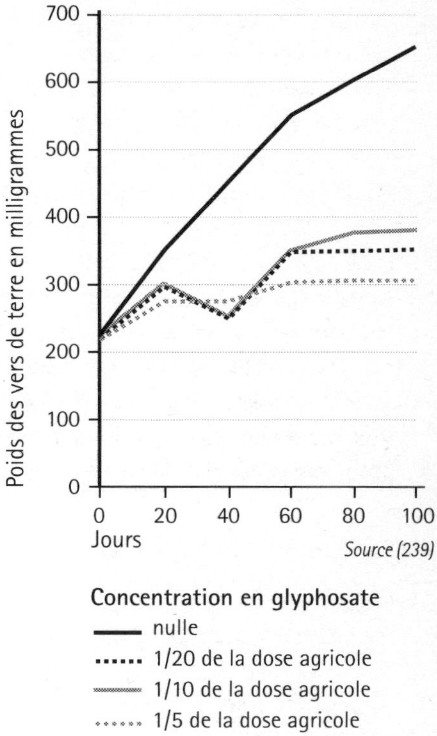

Source (239)

Les effets négatifs sur la microflore des sols sont préoccupants. En effet, les espèces les plus sensibles peuvent être détruites et remplacées par d'autres, plus résistantes (236). D'où le risque d'apparition d'espèces phytopathogènes* qui peuvent proliférer dans la microflore du sol (237). Ainsi, le glyphosate accroît la population de deux agents pathogènes pour les racines des pois (238). Il est également toxique pour les champignons mycorhiziques*.
Il semblerait également que le glyphosate ait un effet négatif sur les vers de terre, induisant une réduction de leur croissance et une mortalité accrue.

D'autres pesticides, comme l'atrazine, aujourd'hui encore un des principaux désherbants du maïs, ont le même type d'effet négatif sur les vers de terre (240), qui sont un facteur important de la fertilité des sols.

chapitre **12.** Des pistes pour que ça change...

M. André Rico est le président de la Commission d'étude de la toxicité des produits antiparasitaires à usage agricole. Le 28 juin 2001, lors d'un colloque de l'UIPP* (Union de l'industrie de la protection des plantes), il a déclaré : « Tous les êtres vivants sont protégés contre les effets des produits chimiques qui nous entourent et nous sommes bien protégés contre les faibles doses... Ce n'est pas à nous de prendre des décisions par rapport à ceux qui vont naître ; les générations futures se démerderont comme tout le monde. » (241)

Outre le fait que l'idée d'une bonne protection a priori des humains contre les faibles doses de produits chimiques dangereux et particulièrement de pesticides est par le moins discutable, on ne peut être qu'atterré par l'irresponsabilité de ce haut responsable envers nos descendants. Sa déclaration est une variation d'une conception de ce que doit être le parcours terrestre d'un être humain qu'on peut résumer par : « Après moi le déluge ! » Elle est malheureusement révélatrice d'une certaine conception de la gestion de la planète, privilégiant clairement le profit à court terme à la mise en valeur globale et durable de la planète, dans l'intérêt de tous ses habitants, présents et à venir.

Des solutions existent pourtant, qui rendent possibles à la fois la gestion du présent et la préservation de l'avenir. On peut en effet assurer une production de nourriture suffisante pour aujourd'hui sans compromettre l'avenir et particulièrement la santé des générations présentes et de leur descendance. Dans les différentes alternatives proposées, essayons de trier le bon grain de l'ivraie.

Face aux dangers des pesticides : l'illusion des OGM

Les plantes OGM* (organismes génétiquement modifiés) ont été présentées au public par les firmes multinationales qui en détiennent les brevets comme aptes à résoudre, entre autres, les problèmes de pollution par les pesticides, en réduisant l'emploi de ceux-ci en agriculture. Mais quel serait réellement l'impact de la généralisation de l'utilisation des OGM en agriculture sur les pollutions par les pesticides ?

Notons tout d'abord que les plus grosses compagnies vendeuses de pesticides dans le monde sont également très souvent celles qui produisent des semences, transgéniques ou non : Novartis devenu Syngenta, Monsanto, Rhône-Poulenc devenu Aventis, Du Pont de Nemours, Agrevo, etc. Une stratégie qui leur permet d'être doublement gagnantes.

À travers l'avènement des semences OGM, ces multinationales espèrent tirer d'énormes profits – sous forme de royalties – de la commercialisation de ces semences brevetées. Rappelons que les cultures commerciales d'OGM représentaient environ 35 millions d'hectares en 2000 dans le monde, de quoi dégager quelques milliards de dollars de revenus! Ces firmes ont vu également, avec les OGM, la possibilité d'augmenter la vente de certains herbicides par la commercialisation de plantes OGM résistantes aux herbicides en question. Le principe est simple : quand ces plantes sont les seules à être tolérantes à un herbicide donné, ce dernier tuera toutes les "mauvaises herbes" du champ. Pour les firmes, le bénéfice est double : elles vendent à la fois leur semence OGM (plus chère que la semence classique) et leur herbicide. Afin de s'assurer que les agriculteurs ne ressèment pas leurs grains OGM, la firme Monsanto inflige de fortes amendes à ceux qui passent outre. Pour en savoir plus, les agriculteurs peuvent appeler un numéro spécial : le 1-800-ROUNDUP! Un détail qui ne s'invente pas (242)! Les enjeux financiers de cette pratique sont énormes. Ainsi, aux États-Unis, le tiers des variétés de maïs cultivées sont OGM et 90% de celles-ci sont résistantes au glyphosate, le célèbre herbicide de Monsanto (Roundup). La culture du soja transgénique résistant au Roundup aux États-Unis a conduit à une augmentation des ventes de cet herbicide de 72% depuis 1997 (243). L'argument de vente selon lequel la culture des OGM serait une solution pour diminuer l'utilisation des pesticides n'est pas convaincant, même si effectivement la vente de certains herbicides a diminué, remplacés pour une large part par du glyphosate.

Aujourd'hui, 71% des OGM cultivés ont été conçus pour supporter un traitement par un produit herbicide [par exemple : le Roundup (glyphosate) sur le colza "Roundup ready" ou glufosinate (Basta)] et 28% l'ont été pour sécréter un insecticide. C'est le cas du maïs Bt (*Bacillus Thuringiensis*) qui produit son propre insecticide.

Quelles sont conséquences de la culture des OGM sur la santé humaine et l'environnement ?

L'emploi de plus en plus fréquent de certains herbicides comme le glyphosate a pour conséquence d'augmenter la pollution des eaux par ces herbicides. Ainsi, une enquête de l'IFEN publiée en septembre 2000 montrait que le glyphosate, bien que très rarement recherché dans les eaux de surface, était le pesticide le plus fréquemment trouvé dans celles-ci. Il y a également des risques de pollution de l'air et des aliments par les quantités supplémentaires considérables de cet insecticide qui seraient appliquées sur les cultures OGM si elles se généralisaient en Europe. Aux États-Unis, le Roundup serait la troisième cause de maladies liées aux pesticides chez les agriculteurs (244); il serait par ailleurs soupçonné d'accroître les risques de développer un certain type de cancer, le LNH (245) (voir annexe X).

Les insecticides produits par certaines plantes OGM peuvent également représenter un danger. Ainsi, pour le maïs Bt, l'insecticide produit par cette plante ne correspond pas à la composition de l'insecticide directement produit par le micro-organisme Bt car sa séquence codante d'ADN est tronquée de 44% dans les OGM! Par ailleurs, il n'est pas homologué comme un pesticide courant sous prétexte que la plante n'est pas un insecticide. À noter qu'il peut, *in vitro*, détériorer les globules rouges humains (246).

L'environnement est également menacé. Il existe un risque de baisse de la biodiversité dû à l'agressivité des caractères compétitifs des OGM vis-à-vis de la faune et de la flore (tolérance aux herbicides, production d'insecticide, résistance aux virus...). Un autre risque est celui de l'hybridation avec passage d'un transgène d'une espèce cultivée à une espèce sauvage apparentée, comme pour le colza et d'autres crucifères (247). Dans ce cas, l'espèce sauvage pourrait acquérir le caractère de résistance à un herbicide de la plante OGM, d'où l'apparition possible de mauvaises herbes rendues résistantes aux herbicides totaux. Cela semble d'ailleurs être déjà le cas aux États-Unis où des scientifiques ont mis en évidence l'apparition de cas de résistance de certaines adventices au glyphosate (248). Ces plantes avaient développé une résistance telle qu'il fallait employer des doses 8 à 10 fois supérieures aux doses habituelles pour les détruire! Devant ce phénomène de résistance, les industriels recommandent de mélanger les produits à base de glyphosate avec d'autres spécialités, comme l'atrazine ou le 2,4-D, suivant l'utilisation de l'herbicide. Les cultures OGM pourraient donc également augmenter la consommation d'autres herbicides que le glyphosate. On pourrait par ailleurs assister à l'apparition chez les insectes de résistance aux insecticides sécrétés par les plantes OGM. Les économies d'insecticides épandus deviendraient alors nulles ou, pire, les épandages devraient augmenter. D'ailleurs, il faut noter qu'aucune baisse de la consommation d'insecticides n'est intervenue depuis l'introduction des OGM aux États-Unis! (249)

Les OGM peuvent également avoir des effets négatifs sur la santé

Des effets allergisants existent mais sont très sommairement étudiés : les allergies alimentaires sont classées au sixième rang des troubles de la santé publique par l'OMS. Un soja transgénique contenant des gènes de noix du Brésil fut reconnu comme allergisant et non commercialisé. Malheureusement, les OGM ne sont testés que par comparaison de la protéine produite avec une banque de données forcément incomplète d'allergisants connus, et non par des tests cutanés systématiques. Des gènes de résistance à des antibiotiques, parfois introduits volontairement dans les cellules des organismes pour servir de marqueurs durant l'opération de transgénèse, présentent un danger particulier. Ils risquent en effet de se transférer à des bactéries qui deviendraient alors résistantes aux traitements par ces antibiotiques. Des bactéries résistantes sont déjà présentes dans l'environnement, ce qui est d'autant plus préoccupant que le nombre d'antibiotiques à disposition des médecins est déjà fortement limité (250). L'application du principe de précaution voudrait qu'on ne courre pas le risque d'en faire apparaître de nouvelles.

De l'agriculture déraisonnable à l'agriculture raisonnée

L'agriculture dite "raisonnée" fait beaucoup parler d'elle depuis quelque temps. Elle est présentée par ses promoteurs comme la seule alternative réaliste à l'agriculture chimique intensive. Partant du postulat – pour le moins contestable – que l'agriculture biologique n'est pas généralisable, les défenseurs de l'agriculture raisonnée proposent un ensemble de pratiques sensées garantir un meilleur respect de l'environnement.

A y regarder de plus près, on doit quand même se poser des questions sur les résultats que l'on peut attendre de cette démarche. Les mots, tout d'abord, interpellent. Parler d'une agriculture "raisonnée" comme d'un objectif, n'est-ce pas avouer implicitement que l'agriculture dominante pratiquée depuis quelques décennies ne l'était pas ? Ni raisonnée ni raisonnable, d'ailleurs. Simple question de terminologie, peut-être, puique "agriculture raisonnée" est la traduction française de "*integrated farming*", terminologie adoptée dans la plupart des pays européens. Mais il reste que si cette agriculture "raisonnée" bénéficie d'un label spécifique, cela veut dire qu'une agriculture conventionnelle non raisonnée continuera à exister. Une agriculture qui, par exemple, ne cherchera pas à minimiser l'utilisation des pesticides.

Mais l'agriculture raisonnée conduira-t-elle à une diminution de l'utilisation des pesticides ?

Cette agriculture se base sur un document appelé "*Référentiel*" (254). Peu importe d'ailleurs le nom, voyons plutôt son contenu, et intéressons-nous particulièrement à ce qui concerne le thème du présent ouvrage, c'est-à-dire l'utilisation des pesticides. Les prescriptions dans ce domaine visent principalement, d'une part à respecter strictement la réglementation – ce qui est la moindre des choses – d'autre part à « raisonner ses pratiques de protection des cultures, en utilisant les méthodes culturales et biologiques disponibles, en choisissant les variétés les plus adaptées, en ne faisant usage des produits phytosanitaires que lorsque cela est nécessaire et justifié et en fractionnant, de manière adaptée, les traitements, de façon à minimiser les quantités de produits phytosanitaires utilisées » (Extrait du *Référentiel de l'Agriculture Raisonnée*). Ces prescriptions sont évidemment judicieuses, mais aucune contrainte n'est imposée en ce qui concerne le nombre de traitements et les matières actives utilisées. L'agriculteur "raisonné" peut donc utiliser tous les produits de traitements homologués, et faire autant de traitements qu'il le jugera nécessaire !

En matière de pesticides, que pourra vérifier l'organisme chargé des contrôles ? Que les observations sur l'état des cultures, pour décider de la nécessité d'un traitement, ont bien été faites (l'agriculteur est tenu de les noter), que les produits sont stockés dans de bonnes conditions de sécurité, que l'agriculteur n'utilise que des produits homologués pour l'usage pour lequel ils sont prévus, que son matériel de traitement fait l'objet de vérifications régulières, qu'il dispose du matériel pour effectuer le rinçage de la cuve de son pulvérisateur au champ, etc. Mais il n'aura rien à contrôler en ce qui concerne de nombre de traitements effectués ou les matières actives utilisées, puisque le référentiel ne fixe aucune règle en la matière.

On peut donc craindre que la très grande majorité des agriculteurs se fasse certifier "raisonné " sans changer autre chose à leurs pratiques, en matière de traitements, que mieux entretenir leur matériel de pulvérisation et stocker leurs produits dans leur emballage d'origine et dans un local réservé à cet usage, ce qui revient simplement à respecter la réglementation. On peut également craindre que cette opération ne soit essentiellement motivée que par le souhait d'essayer de rassurer le consommateur... sans rien changer au fond. C'est ce que tendrait à prouver la lecture attentive de certains journaux agricoles qui écrivent des choses comme : «Pour rassurer les consommateurs sur les conditions de production agricoles un intense travail technique, syndical et politique est en cours...qui s'appuie sur un document... qui constitue le socle technique de l'agriculture raisonnée.» (252). Plusieurs organisations de consommateurs ne s'y sont d'ailleurs pas trompé et trois d'entre elles ont constaté que le projet de référentiel de l'agriculture raisonnée «renvoie malheureusement à un bien faible niveau d'exigences environnementales». (255).

L'agriculture raisonnée ne deviendrait réellement crédible, pensons-nous, que si elle mettait sur pieds de véritables cahiers des charges indiquant, pour chaque culture, quels sont les produits autorisés et limitant le nombre de traitements autorisés.

Vers une réduction de l'utilisation des pesticides en Europe

Comme le rappelle Catherine Wattiez dans la préface du présent ouvrage, le Ve Programme d'action pour l'environnement de l'Union européenne prévoyait, dès 1993 et pour 7 ans, un objectif de «réduction substantielle de l'utilisation des pesticides par unité de terre en production». Malheureusement, l'objectif initial s'est transformé, en 1998, pour ne conserver que l'idée de «développer une stratégie intégrée pour réduire les risques pour la santé et l'environnement liés à l'utilisation des produits de protection des plantes». Ce changement d'objectif en cours de route marquait la volonté de mettre en place une politique d'évaluation du risque à la place des mesures concrètes de réduction d'utilisation décidées initialement pour mettre en œuvre le principe de précaution. Le résultat est sans surprise : aucune réduction significative de l'utilisation des pesticides n'a eu lieu pour l'ensemble de l'Union européenne à la fin des années 1990 et les contaminations de l'environnement ont augmenté (256). La Commission européenne reconnaît, dans le cadre du VIe Plan d'action pour l'environnement que «l'ampleur et la nature des problèmes occasionnés par les pesticides sont sérieux et en augmentation [...]» et propose l'élaboration d'une stratégie thématique pour réduire les risques liés à l'utilisation des pesticides et diminuer celle-ci. Dans la logique du principe de précaution, les associations membres du réseau PAN* Europe demandent que l'objectif retenu soit de «réduire les impacts ou les risques pour la santé humaine et l'environnement résultant de l'utilisation des pesticides en arrivant à une réduction significative globale de l'utilisation des pesticides». Elles pensent que seuls des objectifs chiffrés de réduction de l'utilisation des pesticides peuvent amener à des résultats concrets et bénéfiques. Les diverses initiatives nationales décidées et appliquées de manière unilatérale dans quelques pays d'Europe leur donnent raison. En effet, c'est en se fixant des objectifs très ambitieux que ces pays sont arrivés à des résultats spectaculaires. Le Danemark s'est fixé un objectif de réduction de l'utilisation des pesticides de 50% entre 1987 et 1997 et est arrivé à une diminution de 47%! De même, la Suède, qui s'était fixé le même objectif en 1990 a atteint... 71% de réduction en volume de substances actives en 1995. Les Pays-Bas, quant à eux, ont réalisé une baisse de 41% du volume utilisé. La Norvège a diminué les quantités de matières actives utilisées de 54% entre 1985 et 1996 (257). Ces baisses spectaculaires ont été atteintes grâce à différents moyens : dispositions financières et taxations, formation des agriculteurs, recherche de méthodes alternatives, lutte intégrée, soutien financier accru à l'agriculture biologique... Les associations du réseau européen PAN Europe demandent, dans leur campagne PURE (Pesticide Use Reduction in Europe), qu'à la lumière de ces résultats l'Union européenne adopte des objectifs de réduction de l'utilisation des pesticides de 40% sous 5 ans, 50% sous 8 ans, etc. Surtout, elles demandent que ces réductions correspondent à une diminution de la fréquence des traitements. En effet, une simple réduction du volume de pesticides utilisé n'est pas un bon indicateur car il ne correspond pas forcément à une diminution du risque. La chimie moderne trouve des substances plus actives et qui, employées à plus faible dose, peuvent poser davantage de problèmes pour la santé et l'environnement.

L'agriculture biologique, une alternative qui a fait ses preuves

Heureusement, il existe des modes de production qui vont dans le sens d'un plus grand respect de l'environnement et de la santé humaine et qui ont fait leurs preuves. L'agriculture biologique est, et de loin, le plus abouti et le plus répandu. C'est elle qui offre aujourd'hui les meilleures garanties, notamment en matière de protection contre les risques liés aux pesticides de synthèse. En effet, elle s'est dotée d'un cahier des charges strict interdisant tous les pesticides. Ne sont autorisées que des substances d'origine minérale comme le soufre, le cuivre ou d'origine végétale comme la roténone, le pyrèthre ou des purins végétaux. Le respect de ces obligations est vérifié par des contrôles réguliers et des analyses de produits réalisées par des laboratoires indépendants, aux frais des exploitants.
Les analyses de produits bio ne font que très rarement apparaître la présence de résidus – infimes – de pesticides. Ainsi, une étude conduite en 1999-2000 par l'INRA*, COOPAGRI Bretagne et l'École supérieure de microbiologie et de sécurité alimentaire (ESMISAB) visant à comparer les niveaux de contamination par divers résidus toxiques des produits des agricultures biologique et conventionnelle est sans équivoque (260). Aucun résidu des 78 pesticides recherchés dans cette étude n'a été retrouvé dans les 94 produits issus de l'agriculture biologique testés. En revanche, dans cette même étude, des résidus de carbendazime, de bénomyl, de thiabendazole, d'iprodione, d'éthion et de chlorfenvinphos ont été retrouvés dans 19 échantillons de produits issus de l'agriculture conventionnelle sur 98. Les rares résidus parfois trouvés dans les produits biologiques proviennent la plupart du temps des champs voisins, cultivés en conventionnel.

La garantie de qualité qu'offre le "bio" augmente lorsqu'on achète ses produits directement à la ferme, chez le producteur. Le circuit court est en effet la meilleure garantie contre les éventuelles fraudes par des intermédiaires. Par ailleurs, les fruits et légumes issus de l'agriculture biologique ont fréquemment une valeur nutritive supérieure à celle des produits de l'agriculture conventionnelle.
Fin 2000, la France comptait 370000 hectares en agriculture biologique, soit 1,3% de la surface agricole utile du pays, exploités par 9260 agriculteurs, dont environ 3 000 en conversion, et 30000 emplois dans l'agroalimentaire bio. Le marché des produits biologiques représente 1,5% de la consommation alimentaire et connaît une progression annuelle d'environ 30% depuis 1996, 47% des consommateurs disant acheter des produits bio. C'est donc un secteur qui a un

bel avenir devant lui. Il semblerait que les autorités européennes aient une volonté réelle de développer la bio, si l'on en croit M. Fischler, commissaire européen à l'agriculture, qui déclare qu'il pense qu'elle peut assurer 15 % de la production agricole européenne. Espérons que la France, jadis pionnière en la matière, saura développer rapidement ce secteur tout en lui conservant un cahier des charges du même niveau d'exigence qu'actuellement.

D'autres initiatives pour une agriculture respectueuse de l'environnement

Le réseau d'agriculture durable est une intéressante initiative des CIVAM*. Il regroupe 1 500 fermes d'élevage, principalement dans l'ouest de la France, qui ont adopté un cahier des charges réduisant fortement l'utilisation des techniques et des produits polluants. Ce cahier des charges ne va pas aussi loin que celui de l'agriculture biologique, puisqu'il tolère certains traitements classiques, mais il constitue un progrès important par rapport aux méthodes conventionnelles. Par exemple, il interdit l'utilisation des OGM dans l'alimentation animale et les traitements insecticides sur céréales. Il limite les apports d'engrais azotés et ne tolère qu'un traitement fongicide sur céréales, impose la présence de haies, interdit les sols nus en hiver, etc.

L'agriculture sociale et écologique est une évolution des pratiques agricoles de l'agriculture biologique imaginée par l'agronome Georges Toutain, ancien chercheur à l'INRA. Cette conception s'articule autour de la recherche des équilibres biologiques dans des ethno-écosystèmes* durables dans lesquels elle s'intègre, visant la mise en valeur globale de l'espace rural local. Elle n'utilise aucun pesticide, même d'origine dite “naturelle”. Elle est également centrée sur la commercialisation en circuit court des productions locales car elle intègre la nécessité d'une relocalisation de l'économie. Georges Toutain la met en pratique au niveau de ses vergers picards et de réseaux de distribution et de production locaux.

Les pratiques agricoles respectueuses de l'environnement et de notre santé ont fait depuis des décennies la preuve de leur efficacité dans le monde entier. Elles montrent qu'il existe des moyens simples et efficaces d'arrêter les dégâts causés par la diffusion de centaines de milliers de tonnes de pesticides dangereux dans notre environnement. Nous devons maintenant, par nos comportements de consommateurs et par nos actions citoyennes, travailler pour qu'elles deviennent les agricultures de demain. Nous devons faire en sorte que les principes de respect de la nature et de la vie qui sont au cœur de ces pratiques ne restent pas appliqués à une agriculture élitiste mais soient, enfin, au cœur de toute pratique agricole digne de ce nom.

Un jardin et une maison sans pesticides

L'agriculture est la première utilisatrice de pesticides, mais les jardiniers et les particuliers dans leurs maisons en utilisent également, et nous avons vu quelles en sont les conséquences probables sur la santé, notamment une augmentation du risque de cancer chez les enfants. Or rien n'est plus facile que d'éviter ces risques.

Au jardin, les techniques biologiques ont depuis longtemps fait leurs preuves : des dizaines de milliers de jardiniers les ont adoptées, et leurs jardin n'ont rien à envier, en termes de beauté ou de productivité, à ceux des utilisateurs de pesticides. Décrire les techniques du jardinage biologique sortirait du cadre de cet ouvrage. Elles reposent sur la recherche d'une plus grande biodiversité afin de maintenir les équilibres entre ravageurs et leurs ennemis naturels et sur l'entretien de la fertilité du sol. Les jardiniers biologiques font appel à des plantes répulsives, des purins à bases de végétaux ou d'eau savonneuse pour éloigner les insectes indésirables. En cas de nécessité, ils les combattent avec des insecticides végétaux. Pour lutter contre les maladies des plantes, ils utilisent des variétés résistantes et, en cas de nécessité, des fongicides à base de cuivre ou de soufre. Quant au contrôle des mauvaises herbes, il passe par des techniques telles que le binage, le mulching et, dans certains cas, le desherbage thermique.

Pour lutter contre les insectes de la maison, les alternatives à l'emploi de pesticides dangereux ne manquent pas. Elles sont basées sur des mesures préventives et sur des moyens de lutte directe non toxiques. Pour les moustiques, des barrières physiques de type moustiquaire aux fenêtres sont efficaces. L'essence de citronnelle, vendue en pharmacie, est également une bonne solution. Contre les blattes, la prévention est la meilleure solution : elle consiste à réduire leur accès à l'eau et à la nourriture, et à les empêcher de pénétrer dans l'habitat. Des méthodes de piégeage et de contrôle biologique sont également disponibles. On peut, en dernier recours, utiliser des insecticides à base de plantes, comme le pyrèthre, peu toxique et non rémanent.

Bannir les pesticides des villes, des bords de route et des talus de chemin de fer ?

Les services municipaux des espaces verts, la DDE (direction départementale de l'équipement) et la SNCF sont de bons clients des fabricants de pesticides. Des efforts ont été faits ces dernières années par la DDE et la SNCF pour réduire l'utilisation de desherbants. La ville de Rennes, quant à elle, a diminué de 40 % ses achats de pesticides en quelques années, et d'autres villes onr suivi cet exemple. Mais il faut aller encore beaucoup plus loin dans ce sens, ce qui passe, pour les villes, par la formation des agents municipaux aux méthodes de lutte biologique et intégrée.

Conclusion

En matière de pesticides, le bilan de la France est, nous l'avons vu, plutôt sombre. Nous sommes, et de loin, le plus gros consommateur de pesticides d'Europe et un des premiers du monde. Nos ressources en eau et nos aliments sont largement pollués. L'agriculture biologique n'occupe dans notre pays qu'une très faible part de la surface cultivée. Fort peu de recherches sur de possibles effets négatifs des pesticides sur notre santé ont été entreprises en France par le passé. Quant à la mobilisation de l'opinion publique sur ce thème, elle est restée jusqu'à présent relativement faible.

Les choses, pourtant, commencent à changer. Les scandales alimentaires de ces dernières années - poulets à la dioxine, vache folle - ont fait prendre conscience aux consommateurs des dangers pour la santé humaine inhérents à certains modes de production agricole. L'inquiétante pollution des eaux par les pesticides devient intolérable pour une partie toujours croissante de l'opinion publique. L'état de la contamination de nos aliments par les pesticides, révélé par la divulgation d'un rapport européen par le MDRGF en août 2001, a fait la une des médias. De récentes études réalisées par des équipes françaises, évoquées dans ce livre, sont venues confirmer les menaces que fait peser l'usage des pesticides sur la santé humaine.

Cette prise de conscience induit également des évolutions institutionnelles positives. Ainsi, l'Agence française de sécurité sanitaire environnementale vient d'être créée à côté de l'Agence française de sécurité sanitaire des aliments. Le thème "Environnement-Santé" est maintenant au cœur du débat public. Le monde agricole esquisse lui même une évolution. En effet, si l'agriculture raisonnée est, pensons-nous, une réponse inadaptée au problème posé par l'usage intensif de pesticides dangereux, son apparition montre clairement que le monde agricole est aujourd'hui conscient de la nécessité de donner une autre image en matière d'impact sur l'environnement. Beaucoup reste néanmoins à faire et cette évolution positive ne se poursuivra que si la société civile continue à poser dans ce domaine des exigences fortes en matière de santé publique et d'environnement.

Ce livre avait pour objectif de fournir à tous – consommateurs, producteurs, décideurs - une synthèse des informations disponibles sur les conséquences environnementales et sanitaires de l'emploi massif des pesticides tel qu'il est pratiqué aujourd'hui. Notre souhait le plus cher est qu'il contribue au nécessaire effort de réflexion et de changement que notre société doit faire de toute urgence pour sortir du piège qui consiste à confier la protection de nos plantes alimentaires à des toxiques chimiques dont la fonction principale est de tuer, au lieu de privilégier les équilibres biologiques et la culture de la vie.

François Veillerette , avril 2002

Glossaire

Acidose État pathologique du sang, présentant une réaction acide.

Antigène Molécule étrangère souvent de nature protéique induisant la formation d'anticorps

Ataxie Incoordination des mouvements, caractéristique de certaines maladies nerveuses.

Bio-accumulable Qui a la propriété de s'accumuler dans les organismes vivants.

Bio-accumulation Phénomène d'accumulation d'une substance dans un organisme vivant.

Biodégradabilité Caractère de ce qui est biodégradable, qui est dégradé dans la nature par des bactéries ou d'autres agents biologiques.

Carcinogenèse Développement d'une tumeur cancéreuse.

Champignons mycorhiziques Les champignons mycorhiziques sont des champignons bénéfiques qui vivent autour des racines des plantes. Ils aident les plantes à absorber les nutriments et l'eau et peuvent les protéger du froid et de la sécheresse.

Chloracné Maladie de la peau provoquée par certains composés chlorés comme la dioxine, etc.

CIVAM Centre d'Initiatives pour Valoriser l'Agriculture et le Milieu rural

DDASS Direction départementale des affaires sanitaires et sociales.

Demi-vie Durée au bout de laquelle la moitié d'une substance s'est dégradée.

Dermite Inflammation du derme.

DGCCRF Direction générale de la concurrence, de la consommation et de la répression des fraudes.

DIREN Direction régionale de l'environnement.

DJA Dose journalière admissible : la dose journalière d'une substance pouvant être ingérée pendant une vie sans danger pour la santé.

Écosystème Unité naturelle se composant de parties vivantes et de parties inertes dont les effets réciproques forment un milieu stable.

Enzyme Substance organique soluble provoquant ou accélérant une réaction.

EPA Environment Protection Agency (Agence de protection de l'environnement, l'équivalent de notre ministère de l'Environnement aux États-Unis) = USEPA.

FDA Food and Drug Administration. C'est l'agence américaine qui s'occupe des questions de sécurité des aliments et des médicaments.

FAO Organisation des Nations unies pour l'alimentation et l'agriculture.

Génome Ensemble des gènes.

Génotoxique Qui provoque une lésion de l'ADN.

Hématurie Émission de sang par les voies urinaires.

Hydrocéphalie Maladie qui se caractérise par une augmentation du volume du liquide céphalo-rachidien, entraînant des déformations du crâne, qui devient énorme.

Hypercapnie Excès de gaz carbonique dans le sang.

Hyperesthésie Sensibilité exagérée.

INRA Institut national de la recherche agronomique.

Inuits Nom que les Esquimaux se donnent à eux-mêmes et qui signifie "êtres humains".

Liposoluble Soluble dans les graisses.

LMR Limite maximale de résidus.

Lymphocyte Espèce de petit leucocyte (globule blanc).

Métabolite Produit de transformation d'un corps chimique organique (ici d'un pesticide).

mg milligramme = 1 millième de gramme $=10^{-3}$gramme

Myalgie Douleur musculaire.

Mycorhizique Voir champignons mycorhiziques.

Myoglobinurie Maladie caractérisée par l'élimination de myoglobine dans l'urine.

La myoglobine est une protéine voisine de l'hémoglobine, qui se trouve dans les muscles.

Myopathie Affection des muscles, conduisant généralement à leur atrophie.

Myotonie Trouble caractérisé par une lenteur exagérée de la décontraction musculaire.

Neurotoxique Toxique pour le système nerveux.

ng Nanogramme = 1 milliardième de gramme = 10^{-9} grammes

Nunavik Territoire du nord du Québec où vivent un peu plus de 7000 Inuits (ancien Nouveau-Québec).

Œstrogène Hormone sexuelle féminine

OGM Organismes génétiquement modifiés.

OMS Organisation mondiale de la santé.

PAC Politique agricole commune.

PAN Pesticide Action Network (réseau d'ONG contre les pesticides).

Paresthésie Sensation anormale due à un trouble fonctionnel du système nerveux.

Percutané Qui traverse la peau.

Perturbation endocrinienne Perturbation du système hormonal.

Phosphorylation Transformation métabolique qui consiste dans la fixation d'un radical phosphoryle sur une molécule.

Phytopathogène Qui provoque une maladie chez une plante.

POP Polluant organique persistant.

Ppb *Part per billion* : partie par milliard. Exemple : 1 ppb = 1 µg/kg.

Ppm *Part per million* : partie par million. Exemple : 1 ppm = 1 mg/kg.

Ravageurs Les insectes et autres animaux qui causent des dégâts aux cultures.

RNB Réseau national de bassin.

Spina bifida Maladie congénitale du dos, consistant en une hernie, sous la peau, d'une partie du contenu du canal rachidien.

Synergie Action conjointe.

Tachycardie Augmentation de la fréquence cardiaque.

TGAP Taxe générale sur les activités pétrolières.

UE Union européenne.

UIPP Union des industries de la protection des plantes (les industriels fabricants de pesticides).

USEPA Voir EPA.

µg Microgramme = 1 millionième de gramme = 10^{-6} grammes

ANNEXE I

Les pesticides dans l'air et l'eau de pluie en France

Centre d'étude	Année	Milieu de l'étude	Molécules	Concentrations	Nombre d'échantillons dépassant 0,1 µg/l
INRA de Rennes	1995-1996	Eau de pluie	Atrazine, alachlore, dinoterbe, simazine		60% des échantillons
Ecole pratique des hautes études	1986-1987	Eau de pluie	Triazines	Entre 0,35 et 0,81 µg/l	
Ecole nationale de santé de Rennes	1996	Air	Alachlore, atrazine, captane, formothion, lindane, phosalone		
FREDEC (région Centre)	1997-1998	Eau de pluie	21 molécules (17 herbicides) 2 métabolites 2 fongicides	0,05 à plus de 1µg/l	19 échantillons sur 32
FREDEC (région Centre)	1998	Eau de pluie	Herbicides du colza (trifluraline, métazachlore, tébutame)	0,1 à 4 µg/l	11 échantillons sur 32
Aair Lichenf	1999	Air	15 molécules testées	Présence dans les lichens (organophosphorés, organochlorés, pyréthrinoïdes)	
Institut Pasteur de Lille (région Nord)	1999-2003 (encore en cours)	Eau de pluie	Atrazine et ses produits de dégradation, simazine, isoproturon, diuron	Jusqu'à 3 µg/l	
Lig'air (région Centre)	2000-2001	Air	Alachlore, lindane, carbendazime, fluzilazole, epoxicanozole, cyprodinil, pendiméthaline, fenpropimorphe, trifluraline, azoxystrobine	0,16 à 12 ng/m3	

Sources : Environnement Magazine, *mai 2000*
Lig'air, réseau de surveillance de la qualité de l'air en région Centre, Orléans, 2001

ANNEXE II

Les polluants organiques persistants POPs

Nom	Demi-vie maximale dans l'environnement (1)	Cancérogène prouvé ou possible (2)	Perturbateur endocrinien (3)	Facteur de bioconcentration maximal (1)	Teneur maximale trouvée dans les aliments	Dose journalière admissible (DJA) ou Limite maximale de résidu (LMR) (4)	Présence dans le lait maternel et/ou les tissus adipeux humains. En UE, États-Unis... (5)
Dioxines	Jusqu'à 12 ans	oui	oui	26 707	PCDD/F + PCBs : 4,5 pg TEQ/kg/j (Espagne)	DJA : 1-4 pg/kg/j	oui
Furanes			oui				
PCBs	Jusqu'à 1,5 année	oui	oui	270 000			
Aldrine	Rapidement transformé en dieldrine	oui	oui	Transformation en dieldrine	26 µg d'aldrine et dieldrine/kg de lait en Espagne	LMR : 6 µg/kg	oui
Chlordane	1 an	oui	oui	37 800	23 µg/kg de lait en Argentine	LMR : 2 µg/kg	oui
DDT	15 ans	oui	oui	154 100	990 µg/kg de lait en Argentine	LMR : 20 µg/kg	oui
Dieldrine	5 ans	oui	oui	13 300	26 µg d'aldrine et dieldrine/kg de lait en Espagne	LMR : 6 µg/kg	oui
Endrine	12 ans	?	oui	6 400			oui
HCB	22,9 ans	oui	oui	106 840	28 µg/kg de poisson en Inde	DJA : 1,03 µg/j	oui
Heptachlore	2 ans	oui	oui	14 400	90 µg/kg dans le lait à Hong Kong	LMR : 6 µg/kg	oui
Mirex	10 ans	oui	oui	51 400	Présence dans l'alimentation attestée non chiffrée		oui
Toxaphène	12 ans	oui	oui	76 000	Présence dans l'alimentation attestée non chiffrée		oui

Sources : (1) Substance Profiles for the POPs, *POPs Assessment Report, PNUE, 1995.*
(2) Oxford University, US Army database et voir (1).
(3) Les perturbateurs endocriniens : défi pour l'Union européenne ?, *"Santé publique et protection des consommateurs", Direction générale des études de l'UE, SACO 100 FR, 1998.*
(4) Recipe for Disaster : a Review of Persistent Organic Pollutants in Food, *Greenpeace research laboratories, department of biological sciences, University of Exeter, Royaume-Uni, mars 2000.*
(5) Chemical Trepass : a Toxic Legacy, *A WWF-UK Toxics Programme Report, juil. 1999.*

ANNEXE III

Quelques pesticides perturbateurs endocriniens

Alachlore	HCB	PCNB
Aldicarbe	Keltane	Pentachlorophénol
Aldrine	Kepon	Perméthrine
Atrazine	Lindane	Phénothrine
Benomyl	Linuron	Procymidone
Bêta-HCH	Malathion	Propiconazole
Carbaryl	Mancozèbe	Pyréthroïdes synthétiques
Chlordane	Manèbe	Resmethrine
Chlorpyrifos	Méthomyl	Simazine
Cyanazine	Méthoxychlore	Toxaphène
DDT	Méthyl parathion	Triazines
Dicofol	Metiram	Composés de Tributyltin
Dieldrine	Métolachlore	Vinclozoline
Endosulfan	Mirex	2,4-D
Endrine	PCT	
Heptachlore	PCP	

Sources : Liebman J., Rising Toxic Side, *PAN/CPR, 1997* – Report on Endocrine Disrupting Chemicals, *Illinois EPA, 1997* – *Colborn* et al., L'homme en voie de disparititon, *Ed. Terre Vivante, Mens, 1996* – *Benbrook C.M.*, Growing Doubt: a Primer on Pesticides Identified as Endocrine Disruptors and/or Reproductive Toxicants, *The National Campaign for Pesticide Policy Reform, Etats-Unis, 1996* – *Parlement européen*, Les perturbateurs endocriniens : défi pour l'Union européenne ?, *SACO 100 FR, 1998.*

ANNEXE IV

Effets neurotoxiques chroniques des différentes familles de pesticides

Catégories de pesticides	Effets sur le système nerveux central	Effets sur le système nerveux périphérique
Organophosphorés (ex : chlorpyrofos, malathion)	Effets cognitifs, affectifs et perceptifs	Névropathie sensorimotrice
Carbamates (ex : carbaryl...)	Déficits de mémoire, déficience visuelle, lassitude	Névropathie sensorimotrice
Organochlorés (ex : chlorodecone...)	Déficience de la fonction cognitive et de la personnalité	Tremblements (apparemment liés à l'exposition au kepone)
Fumigants (ex : bromure de méthyl...)	Déficience de la fonction cognitive, difficultés de concentration	Pertes de réflexes et de force motrice distale
Fongicides (ex : manèbe...)	Réduction de l'arythmie respiratoire physiologique	Conduction de l'influx nerveux diminuée
Pyréthrinoïdes (ex : cyperméthrine...)	Diminution de l'activité motrice spontanée	Paresthésie* cutanée, engourdissement

Sources : - Gina Solomon et al., Pesticides and Human Health, *PSR and CPR, 2000. - Ecobichon D.J., Joy R.M.*, Pesticide and Neurological Diseases, *2e éd., 1994. – Keifer M.C., Mahurin R.K. (1997), "Chronic neurologic effects of pesticide overexposure"*, Occup. Med. *12. - Rosenstock L., Keifer M., Daniell W.E. et al. (1991), "Chronic central nervous system effects of acute OP pesticides intoxication"*, Lancet *338 : 223-227.*

ANNEXE V

Des pesticides toxiques du développement

Pesticide	Utilisation
2,4-D	Herbicide
Amitraze	Insecticide
Acide Arsenic	Herbicide
Benomyl	Fongicide
Bromacile	Herbicide
Bromoxynil octanoate	Herbicide
Chlorsulfuron	Herbicide
Cyanazine	Herbicide
Cycloate	Herbicide
Diclofop-méthyl	Herbicide
EPTC	Herbicide
Fenoxaprop éthyl	Herbicide
Fluazifop butyl	Herbicide
Hydraméthylnon	Insecticide
Linuron	Herbicide
Métam-sodium	Fumigant
Bromure de méthyle	Fumigant
Metirame	Fongicide
Myclobutanyl	Fongicide
Nabam	Fongicide
Nicotine	Insecticide
Nitrapyrine	Microbiocide
Oxadiazon	Herbicide
Oxythioquinox	Insecticide, fongicide, fumigant
Potassium diméthyl dithio carbamates	Microbiocide
Propargite	Insecticide
Resmethrin	Insecticide
Sodiumdiméthyl dithio carbamates	Microbiocide
Sulfate de streptomycine	Fongicide
Tau-Fluvalinate	Insecticide
Triadimefon	Fongicide
Tributyltin méthacrilate	Microbiocide
Triforine	Fongicide
Vinclozoline	Fongicide
Warfarin	Rodenticide

Source : "Proposition 65 : list of chemicals known to cause cancer and reproductive harm", Sacramento: California Office of Environmental Health Hazard Assessment, 29.12.1999, US EPA Toxic Release Inventory database.

ANNEXE VI

Quelques pesticides ayant montré des effets immunotoxiques lors d'expérimentations animales

pesticides	références
2,4-D	Walsh A.H. et al., "The pathology of pesticide poisoning", *The Pathology of Fishes*, University of Wisconsin Press, Madison, 1975, pp. 515-557.
Aldicarbe	Gill T.S. et al. (1991), "Hemathopathological changes associated with experimental aldicarb poisoning in fish *(Puntius conchonius hamilton)*", *Bull. Environ. Contam. Toxicol.* 47 : 628-633.
Atrazine	Walsh A.H. et al., " The pathology of pesticide poisoning", *The Pathology of Fishes*, University of Wisconsin Press, Madison, 1975, pp. 515-557. Prasad T.A.V. et al. (1991), "Effect of in vivo atrazine on haematology and oxygen consumption in fish *(Tilapia mossambica)*", *Biochemistry International* 23 : 157-161.
Barban	Olefir A.I. (1973), "Effect of chronic intoxication with carbamine pesticides on the immunological reactivity and antiinfectious resistance", *Vrachneboe Delo* 8 : 137-141 (en ukrainien).
Captane	Vos J.G. et al., "Methods for testing immune effects of toxic chemicals : evaluation of the immunotoxicity of various pesticides in the rat", IUPAC Pesticide Chemistry, *Human Welfare and the Environment*, Pergamon Press, Oxford, 1983.
Carbaryl	Walsh A.H. et al., "The pathology of pesticide poisoning", *The Pathology of Fishes*, University of Wisconsin Press, Madison, 1975, pp. 515-557.
Carbofuran	Fan A.M.M. et al. (1978), "Immunosuppression in mice administered methyl parathion and carbofuran by diet", *Toxicol. Appl. Pharmacol.* 45 (1) : 235.
Chlordane	Barnett J.B. et al. (1985), "The effects of prenatal chlordane exposure on the delayed hypersensitivity response of BALB/c mice", *Toxicology Letters* 25 : 173-183.
Chlordiméforme	Shopp G.M. et al. (1985), "Suppression of the antibody response by a formamidine pesticide : dependence on the route of exposure", *J. Toxicol. Health*, 1985, 15 : 293-304.
Chlorméquat (Chlorure)	Fairbrother A. et al. (1986), "Effects of three plant growth regulator on the immune response on young and aged deer mice *Peromyscus maniculatus", Arch. Environ. Contam. Toxicol.* 15 : 265.
Chlorobenzilate	Nikolaev A.I. et al. (1972), "Immunodepressive action of some poisonous chemicals", *Farmakologiia I Toksikologiia* 35 : 352 (en russe).
Chlorofenethol	Aripdzhanov T.M. (1973), "Effect of pesticides Antio and Milbex on the immunologic reactivity and certain autoimmune processses of the body", *Gigiena I Sanitariia* 7 : 39-42.
Cycloheximide	Olson L.J. et al. (1983), "The immunomodulatory effects of two plant growth regulators cycloheximide and maleic hydrazide in white mice", *Drug Chemistry and Toxicology* 6 : 341.
Cyperméthrine	Desi I. et al. (1986), "Immuno-, neuro- and general toxicologic animal studies on a synthetic pyrethroid : cypermethrin", *Ecotoxicol. Environ. Saf.* 12 : 220-232.
DDT	Evdokimov E.S. (1974), "Effects of organochlorine pesticides on animals", *Veterinariia* 12 : 94-95 (en russe). Glick B. (1974), "Antibody-mediated immunity in the presence of mirex and DDT", *Poultry Science* 53 (4) : 1476-1485.
Diazinon	Moon C.K. et al. (1986), "Effects of some organophosphate pesticides on the murine immune system following subchronic exposure (II)", *Archives of Pharmaceutical Research* 9 (3) : 183-187.
Dichlorvos	Institoris L. et al. (1995), "Immunotoxicological investigation of repeated doses of dichlorvos (DDVP) in three generations of rats", *Int. J. Environ. Health Res.* 5 : 57-63.
Dieldrine	Kaminski N.E. et al. (1982), "The effects of DDT and dieldrin on rat peritoneal macrophages", *Pesticide Biochemistry and Physiology* 17 : 191-195.
Diméthoate	Tiefenbach B. et al. (1980), "Studies on the action of dimethoate on the immune system", *Arch. Toxicol.* 4 : 167-170.
Dinitrocrésol	Olefir A.I. (1973), "Effect of chronic intoxication with carbamine pesticides on the immunological reactivity and antiinfectious resistance", *Vrachneboe Delo* 8 : 137-141 (en ukrainien).
Diquat	Berry C.R., *The effects of Herbicide Treatment on a Reservoir Ecosystem*, dissertation for Ph. D,Virginia Polytechnic Institute and State University, Blachsburg, Virginia, 1975.
Endosulfan	Walsh A.H. et al., "The pathology of pesticide poisoning" in The Pathology of Fishes, University of Wisconsin Press, Madison, 1975, pp. 515-557.
Endothall	Berry C.R., *The effects of Herbicide Treatment on a Reservoir Ecosystem*, dissertation for Ph. D.,Virginia Polytechnic Institute and State University, Blachsburg, Virginia, 1975.
Endrine	Mount D.I. et al., "Summary report of the Mississippi fish kill", Transactions of the Thirty-First North American Wildlife and Natural Resources Conference, Wildlife Management Institute, Washington DC, 1966.

suite

pesticides	références
EPTC	Olefir A.I. (1973), "Effect of chronic intoxication with carbamine pesticides on the immunological reactivity and antiinfectious resistance", *Vrachneboe Delo* 8 : 137-141 (en ukrainien).
Fenitrothion	Moon C.K. et al. (1986), "Effects of some organophosphate pesticides on the murine immune system following subchronic exposure (II)", *Archives of Pharmaceutical Research* 9 (3) : 183-187.
Fenthion	Moon C.K. et al. (1986), "Effects of some organophosphate pesticides on the murine immune system following subchronic exposure (II)", *Archives of Pharmaceutical Research* 9 (3) : 183-187.
Fluométuron	Nikolaev A.I. et al. (1972), "Immunodepressive action of some poisonous chemicals", *Farmakologiia I Toksikologiia* 35 : 352 (en russe).
Formaldéhyde	Dean J.H., et al. (1984), "Studies of immune function and host resistance in B6C3F1 mice exposed to formaldehyde", *Toxicol. Appl. Pharmacol.* 72 : 519-529.
Glyphosine	Fairbrother A. et al. (1986), "Effects of three plant growth regulator on the immune response on young and aged deer mice Peromyscus maniculatus", *Arch. Environ. Contam. Toxicol.* 15 : 265.
Hexachlorobenzène	Loose L.D. (1979) et al., "Modification of the immune response by organochlorine xenobiotics", *Drug Chemistry and Toxicology* 2 :11.
Lindane	Desi I. et al. (1978), "Studies on the immunosuppresive effect of organochlorine and organophosphoric pesticides in subacute experiments", *Journal of Hygiene, Epidemiology, Microbiology and Immunology* 22 : 115-122.
Malathion	Walsh A.H. et al., "The pathology of pesticide poisoning" *in The Pathology of Fishes*, University of Wisconsin Press, Madison, 1975, pp. 515-557.
Manèbe	Shtenberg A.I. et al. (1972), " Immunobiological body reactivity changes under the effects of some pesticides belonging to the group of carbamine and dithiocarbamine compounds ", *Voprosy Pitaniia* 31 (1) : 58-63 (en russe).
Mirex	Rogillio G.J., " Effects of mirex on selected organs of the channel catfish *(Ictalurus punctatus)* : a light and electron microscopic study ", dissertation for Ph. D., Mississippi State University, 1974.
Molinate	Kawatsu H. (1997), " Study of the anemia of fish : VIII. Hemorrhagic anemia of carp caused by a herbicide, molinate ", *Nippon Suisan Gakkai Shi* (Bulletin of the Japanese Society of Scientific Fisheries) 43 : 905.
Monocrotofos	Gupta M. et al. (1982), " Hematological changes produced in mice by Nuvacron or Furadan ", *Toxicol.*, 25 : 255-260.
Parathion	Pruett S.B. et al. (1992), " Assessment of cholinergic influences on a primary humoral immune response ", *Immunology* 77 : 428-435.
Parathion (méthyl)	Raise B.T., " Role of adaptative immune defense mechanisms ", *Immunobiology of Herpes Simplex Virus Infection*, CRC Press Inc., Boca Raton, Florida, 1983, pp. 69-73.
PCNB	Vos J.G. et al., " Methods for testing immune effects of toxic chemicals : evaluation of the immunotoxicity of various pesticides in the rat ", IUPAC Pesticide Chemistry, *Human Welfare and the Environment*, Pergamon Press, Oxford, 1983.
Pentachlorophénol	Prescott C.A. et al. (1982), " Influence of a purified grade of pentachlorophenol on the immune response of chickens ", *American Journal of Veterinary Research* 43 (3) : 481-487.
Phenthoate	Chakrabarty P. et al. (1998), " Effect of organophosphorus pesticides on the peripheral hemogram of the fish *Channa punctatus* ", Environ. Ecol. 2 : 390-394.
Phorate	Chakrabarty P. et al. (1998), " Effect of organophosphorus pesticides on the peripheral hemogram of the fish *Channa punctatus* ", Environ. Ecol. 2 : 390-394.
TBT	Krajnc E.I. et al. (1984), " Toxicity of bis (Tri-n-Butyltin) oxide in the rat : I. Short-term effects on the general parameters and on the endocrine and lymphoid systems ", *Toxicol. Appl. Pharmacol.* 75 : 363-386.
Thirame	Perelygin V.M. et al. (1971), " The action of certain pesticides on the immunological reactivity ", *Gigiena I Sanitariia* 36 (12) : 29-33 (en russe).
Toxaphène	Allen A.L et al. (1983), " Effect of toxaphene exposure on immune responses in mice ", *J. Toxicol. Environ. Health* 11 : 61-69.
Trichlorfon	Siwicki A.K. et al. (1990), " In vivo effect of an organophosphorus insecticide. Trichlorfon on immune response of carp *(Cyprinus carpio)* : II. Effect of trichlorfon on nonspecific immune response in carp *(Cyprinus carpio)* ", Ecotoxicol. Environ. Saf. 19 : 98-105.
Trichloroéthane	Sanders V.M. et al. (1985), " Humoral and cell-mediated immune status of mice exposed to 1,1,2-Trichloroethane ", *Drug Chemistry and Toxicology* 8 : 357.
Zinèbe	Shtenberg A.I. et al. (1972), " Immunobiological body reactivity changes under the effects of some pesticides belonging to the group of carbamine and dithiocarbamine compounds ", *Voprosy Pitaniia* 31 (1) : 58-63 (en russe).
Zirame	Shtenberg A.I. et al. (1972), " Immunobiological body reactivity changes under the effects of some pesticides belonging to the group of carbamine and dithiocarbamine compounds ", *Voprosy Pitaniia* 31 (1) : 58-63 (en russe).

ANNEXE VII

Note concernant l'évaluation des risques de cancer liés à des mélanges complexes de substances potentiellement carcinogènes présentes en faibles concentrations dans l'environnement (alimentation, atmosphère, pollution intèrieure...)

Dr Éric PLUYGERS, cancérologue

La notion de dose journalière admissible (DJA)

Elle découle des conditions d'expérimentation animale qui ont, pendant longtemps, dominé les évaluations de carcinogénicité. En résumé, la méthode consiste à déterminer la toxicité d'une substance chez l'animal (souris, rats... dans les deux sexes) en déterminant la DL 50, la dose qui entraîne, après un délai limité, la mort de la moitié des animaux d'expérience, puis à rechercher la dose la plus élevée qui permette la survie de tous les animaux sans entraîner de toxicité majeure : c'est la MTD (Maximum Tolerated Dose). Cette MTD est alors administrée pendant des périodes plus ou moins prolongées, puis les animaux sont sacrifiés après un laps de temps déterminé (6 mois à 2 ans). Une autopsie minutieuse permet alors d'établir la fréquence des cancers par rapport à une population témoin non traitée.

Dans ces conditions, la carcinogénicité est étroitement liée à la cytotoxicité, suivie de prolifération régénératrice (Travis et Belefant, 1992) et un seuil peut être déterminé au-dessous duquel le composé n'est plus actif (ni cytotoxique, ni carcinogène). Les résultats sont alors extrapolés à l'homme, en appliquant un coefficient de sécurité, par exemple, le centième de la dose seuil (MTD) chez l'animal : ceci représente la DJA ou dose journalière admissible. La notion de DJA est donc étroitement liée à la carcinogenèse par suite de cytotoxicité suivie de prolifération régénératrice. Mais l'extrapolation des résultats des évaluations animales (effectuées à hautes doses, la MTD) à l'homme, exposé, lui, à des doses faibles, est actuellement largement remise en question. Elle est considérée comme inadéquate lorsqu'il s'agit de prédire un seuil au-dessous duquel il n'y aurait plus d'effet (Cohen et Ellwein, 1990).

Le professeur Dejonckheere (RUG, 1995), dans un rapport sur la présence de résidus de pesticides dans les fruits et légumes du panier de la ménagère, écrit : « Il faut signaler que les valeurs de DJA ne sont pas des valeurs exactes mais bien des estimations basées sur les données toxicologiques expérimentales concernant un pesticide. Cette approche ne tient pas compte de la possibilité d'effets synergiques qui peuvent survenir lorsque deux (ou davantage) pesticides sont ingérés simultanément » (traduit de l'anglais).

La méthodologie qui consiste à administrer à l'animal des doses élevées (MTD) d'une substance supposée carcinogène a été également remise en question par ceux-là mêmes qui l'avaient préconisée, Ames et Gold (1990).
Entre-temps, l'identification plus précise des mécanismes de la carcinogenèse a permis de reconnaître d'autres mécanismes de cancérisation, indépendante de la cytotoxicité engendrée. Comme le soulignent Travis et Belefant (1992), ces promoteurs non cytotoxiques n'apparaissent pas comme présentant un seuil pour être efficaces (cancérogènes).

Les autres mécanismes de la carcinogenèse

D'autres mécanismes de carcinogenèse ont été identifiés, basés, entre autres, sur la distinction entre carcinogènes génotoxiques et non génotoxiques.

■ Dans le premier cas, une lésion primaire de l'ADN est produite, par exemple la formation d'un adduit carcinogène-ADN ; ce processus n'est pas régi par un effet de seuil (Cohen and Ellwein, 1995).

■ En ce qui concerne les composés non génotoxiques, deux éventualités sont possibles :

– effet cytotoxique suivi de prolifération régénératrice (c'est le cas qui a été considéré au début de cette note 1): il existe un seuil de toxicité (= d'activité), donc une DJA ;

– présence d'un récepteur cytosolique ou nucléaire spécifique. Par exemple, les récepteurs des hormones œstrogènes, des hormones thyroïdiennes, le récepteur AhR (Aryl Hydrocarbon Receptor) des HAP, dioxines et nombre de pesticides organochlorés. *Lorsque ce mécanisme est concerné, le cancérigène est actif à très faible dose, par fixation moléculaire sur le récepteur, dont l'occupation peut être très partielle tout en déclenchant l'activité transformante. Par exemple, une occupation à 15 % des récepteurs peut être suffisante* (Campen *et al.*,1990) *et la fixation d'une seule molécule sur le récepteur pourrait déjà induire un effet biologique* (IARC, Consensus Report, 1992).

Ces diverses données sont schématisées dans Cohen et Ellwein (1990 et 1995) et illustrées par le schéma (voir page suivante) extrait de la récente étude d'Amaral-Mendes et Pluygers (1996).

Conclusions

La complexité des mécanismes de carcinogenèse étant actuellement bien reconnue, il n'est plus possible d'accepter la notion de seuil – et par conséquent de dose journalière admissible – pour un grand nombre de carcinogènes. Un grand nombre d'agents cancérogènes agissent par des mécanismes qui ne reconnaissent aucun effet de seuil ; pour de tels agents, aucune DJA ne saurait être acceptée. *La notion de DJA, quoique valable pour certaines substances isolées (celles qui agissent par un mécanisme de cytotoxicité suivie de prolifération) est d'autant plus obsolète qu'elle est établie pour des substances isolées, alors que l'exposition de la population se fait toujours à des mélanges complexes dont les effets n'ont pas été déterminés mais dont on sait qu'ils sont souvent additifs, voir multiplicatifs.*

La détermination des marqueurs biochimiques et moléculaires de carcinogenèse permet de déterminer les risques chez l'homme sans être soumis aux incertitudes résultant d'une extrapolation depuis l'animal (Joellenbeck *et al.*, 1995 ; Amaral-Mendes et Pluygers, 1996).

Celq représente un avantage considérable car les modèles animaux peuvent être inappropriés pour évaluer la carcinogénicité chez l'homme (Butterworth, 1990 et autres études récentes).

Références

Travis C.C., Belefant H. (1992), « Promotion as a factor in carcinogenesis », *Toxicology Letters* 60 : 1-9.

Cohen S.M., Ellwein L.B. (1990), « Cell proliferation in carcinogenesis », *Science* 249 : 1001-1011.

Dejonckheere W. *et al.* (1996), « Pesticide residue concentration in a belgian total diet study », *Journal of AOAC International* 79 (1) : 97-110.

Ames B.N., Gold L.S. (1990), « Chemical carcinogenesis : too many rodent carcinogens », *Proc. Natl. Acad. Sci.* 87 : 7772-7776.

Cohen S.M., Ellwein L.B., « Biological theory of carcinogenesis : implications for risk assessment », in

Olin S. *et al.* (éds), *Low-Dose Extrapolation of Cancer Risks : Issues and Perspectives*, ILSI Press, Washington DC, 1995, pp. 145-161.

Campen D. *et al.* (1990), « Dose-response relationships in promotion of hepato-carcinogenesis by 17-éthinyloestradiol », *J. Toxicol. Environ. Health* 29 : 257-268.

Amaral-Mendes J.J., Pluygers E., « Use of biochemical and molecular biomarkers for cancer risk assessment », in Zapponi G. , Cogliano J., Luebeck G. (éds), *Dose-Response Analysis and Biologicaly-Aased Assessment for Initiator and Ppromoter Carcinogens*, NATO ASI Series, Plenum Press, New York, III, pp. 133 *sqq*.

National Research Council, Committee on Risk Assessment of Hazardous Air Polluants, *Science and Judgment in Risk Assessment*, National Academy Press, Washington DC, 1994.

Finkel A.M., « A quantitative estimate of the variation in human susceptibility to cancer and its implications for management », in Olin S. *et al.* (éds), *Low-Dose Extrapolation of Cancer Risks : Issues and Perspectives*, ILSI Press, Washington DC, 1995, pp. 297-238.

Joellenbeck L. *et al.*, « Molecular biomarkers for use in cancer risk assessment and cancer prevention », in Olin S. *et al.* (éds), *Low-Dose Extrapolation of Cancer Risks : Issues and Perspectives*, ILSI Press, Washington DC, 1995, pp. 241-251.

Butterworth B.E. (1990), « Consideration of both genotoxic and nongenotoxic mechanisms in predicting carcinogenic potential », *Mutation Research* 239 : 117-132.

IARC (International Agency for Reseach on Cancer), *Mecanisms of Carcinogenesis in Risk Identification*, Consensus Report : 9-54, IARC Scientific Publications n° 116, Lyon, 1992, VAINO *et al.* (éds).

Mode d'action schématique des produits chimiques cancérigènes

(Modifié et traduit d'après Cohen et Ellwein, 1990)

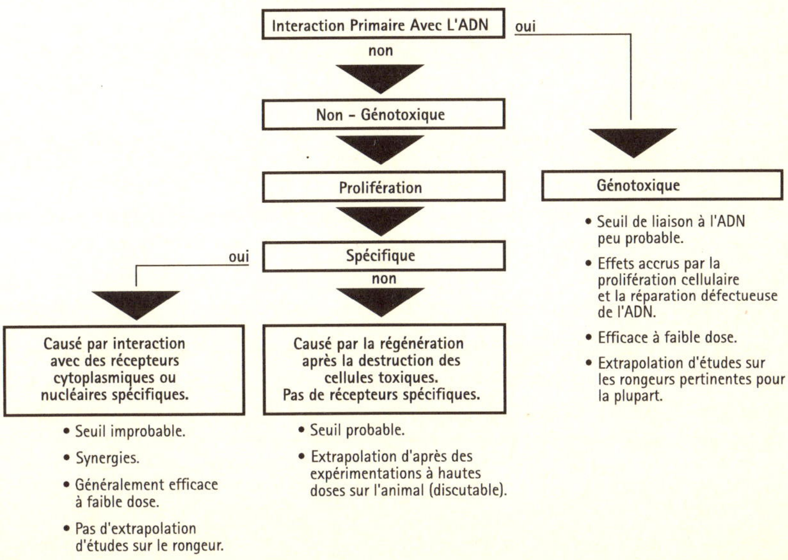

ANNEXE VIII

Classification des produits chimiques en fonction du risque de cancer pour l'homme

Source (163) et PAN UK : « The list of lists », novembre 2001.

Trois institutions s'intéressent particulièrement au risque de cancer pour l'homme : l'IARC (International Agency for Research on Cancer), l'US EPA (Environmental Protection Agency, États-Unis) ainsi que l'Union européenne. Elles ont établi, sur la base de critères quelque peu différents, des classes de risques.

▪ Classification de l'IARC

– *Groupe 1* : cancérogène humain ;
– *Groupe 2A* : cancérogène humain probable ;
– *Groupe 2B* : cancérogène humain possible ;
– *Groupe 3* : non classifiable quant à sa carcinogénicité pour l'homme. Cette catégorie regroupe des pesticides pour lesquels les effets tumoraux disponibles ou d'autres données clés sont sujets à caution ou limités en quantité et donc ne conviennent pas pour démontrer de façon convaincante le potentiel carcinogène pour l'homme ;
– *Groupe 4* : *probablement* pas cancérogène pour l'homme.

▪ Classification de l'EPA

– *Groupe A* : cancérogène humain, évidence suffisante au départ d'études épidémiologiques ;
– *Groupe B1* : cancérogène humain probable, évidence limitée au départ d'études épidémiologiques ;
– *Groupe B2* : cancérogène humain probable avec évidence suffisante pour l'animal et évidence inadéquate ou pas d'évidence pour l'homme ;
– *Groupe C* : cancérogène humain possible, évidence limitée sur l'animal ;
– *Groupe Cq* : une évaluation du risque peut être réalisée par extrapolation au départ des expérimentations sur animal ;
– *Groupe D* : non classifiable quant à sa carcinogénicité pour l'homme. Cette catégorie regroupe des pesticides pour lesquels la liste des effets tumoraux disponibles ou d'autres données clés sont sujets à caution ou limités en quantité et donc ne conviennent pas pour démontrer de façon convaincante le potentiel carcinogène pour l'homme ;
– *Groupe E* : preuve d'absence de carcinogénicité pour l'homme.

Autres catégories : *Known* : cancérogène reconnu, *L1/L2* : susceptible d'être cancérogène, *S* : preuve expérimentale qui suggère le risque cancérogène mais de manière insuffisante pour démontrer le potentiel cancérogène chez l'homme.

▪ Classification de l'Union européenne

– *Groupe 1* : cancérogène humain.

Selon les termes de la directive : « Ce sont des substances pour lesquelles on dispose de suffisamment d'éléments pour établir l'existence d'une relation de cause à effet entre l'exposition de l'homme à de telles substances et l'apparition d'un cancer » ;

– *Groupe 2* : substances devant être assimilées à des substances cancérogènes pour l'homme (cancérogènes probables).

Selon les termes de la directive : « Ce sont des substances pour lesquelles on dispose de suffisamment d'éléments pour justifier une forte présomption que l'exposition de l'homme à de telles substances peut provoquer un cancer. Cette présomption est généralement fondée sur des études appropriées à long terme sur l'animal et sur d'autres informations appropriées » ;

– *Groupe 3* : substances préoccupantes pour l'homme en raison d'effets cancérogènes possibles (cancérogènes possibles).

Selon les termes de la directive : « Pour ces substances, les informations disponibles ne permettent pas une évaluation satisfaisante. Il existe des informations issues d'études adéquates sur les animaux mais elles sont insuffisantes pour classer la substance dans la deuxième catégorie. »

ANNEXE IX

Les pesticides soupçonnés d'être cancérogènes

Ce tableau est extrait du n° 51 de Pesticides News, le journal de PAN UK, daté de mars 2001. Il liste les pesticides potentiellement cancérogènes d'après l'Agence internationale de recherche sur le cancer (IARC), l'Agence de protection de l'environnement des États-Unis (US EPA) et l'Union européenne (EU).

Pesticides	Classement		
	IARC	UE*	US EPA
Acéphate			C
Acétaldéhyde	2B		B2
Acétochlore			B2
Acifluorfene			B2
Acroléine			C
Acrylonitrile	2B		BI
AD 67 (MON 4660)			L2
Alachlore		3	LI
Aldrine			B2
Amitraze			C
Amitrole	2B	3	B2
Aramite	2B		M
Asulame			C
Atrazine			C
Azobenzène		2	B2
Benomyl			C
Benoxacor			S
Bifenthrine			C
Bis (chloroethyl)ether (BCEE)			B2
Bromacile			C
Bromoxynil			C
Buprofézine			S
Butachlore			L2
Captafol	2A	2	B2
Captane		3	B2
Carbaryl		3	C
Carbendazim			C
Chlordane	2B	3	B2
Clordecone	2B	3	
Chlordimeform		3	B2
Clorothalonil	2B	3	L2
Clodinafop-propargyl			L2
Clofentézine			C
Créosote	2A		BI
Cyanazine			C
Cypermethrine			C
Cyproconazole			B2
Daminozide		3	B2
DCPA			C
DDT	2B	3	B2
Diallate		3	

Classement

IARC

1 : cancérogène humain
2A : cancérogène humain probable
2B : cancérogène humain possible
3 : non classifiable
4 : probablement pas cancérogène pour l'homme

***Union européenne**

1 : cancérogène humain
2 : cancérogène probable
3 : cancérogène possible

US EPA

A : cancérogène humain
B1, B2 : cancérogène probable
C, L1, L2, S : cancérogène possible
D : non classifiable
E : non cancérogène

Pesticides	Classement		
	IARC	UE*	US EPA
Dibromochloropropane (DBCP)	2B	2	B2
Dichlobénil			C
Dichloroéthane, 1,2-	2B		B2
Dichloroprophène, 1,3-	2B		B2
Dichlorvos	2B		S
Diclofop-methyl			L2
Dicofol			C
Dicrotophos			S
Dieldrine			B2
Difénoconazole			C
Dimethenamid			C
Dimethipin			C
Diméthoate			C
Dinosèbe			C
Diuron		3	Known/Likely
Ethalfluralin			C
Ethiozin			Tentative C
Etofenprox			C
Ethoprop			L2
Éthylène dibromide	2A	2	B2
Etridiazole		3	
Fenbuconazole			C
Fenoxycarbe			L2
Fipronil			C
Fluometurori			C
Fluthiacet-methyl			L2
Folpet		3	B2
Fomesafen			C
Formaldéhyde	2A	3	B1
Furilazole			L2
Furmecycfox		3	B2
Haloxyfop-methyl			B2
Heptachlore	2B	3	B2
Heptachlore epoxide			B2
Hexachlorobenzène	2B	2	B2
Hexaconazole			C
Hexythiazox			C
Hydramethylnon			C
Cyanamide hydrogène			C
Imazalil			L2
Iprodione			L2
Isoproturon		3	
Isoxaben			C
Isoxaflutole			L2
Kresoxim-méthyl			L2
Lactofen			B2
Lindane	2B	3	B2
Linuron		3	C
Malathion			S

Pesticides	Classement		
	IARC	UE*	US EPA
Mancozèbe			B2
Manèbe			B2
Métam sodium			B2
Methidathion			C
Métolachlore			C
MGK-264			C
Mirex	2B		
Molinate			C
Monuron		3	
Monuron-TCA		3	
Nitrapyrin			L2
Nitrofen	2B	2	
Norflurazon			C
Orthophenylphenol			B2
Oryzalin			C
Oxadiazon			C
Oxadixyl			C
Oxyfluorfène			C
Oxythioquinox			B2
Parathion, Ethyl parathion			C
Pendiméthaline			C
Pentachloronitrobenzène			C
Pentachlorophénol		3	B2
Perméthrine	2B		C
Phosmet			C
Phosphamidon			C
Piperonyl butoxide			C
Prochloraze			C
Procymidone			B2
Prodiamine			C
Propyzamide			B2
Propachlore			L2
Propargite			B2
Propazine		3	C
Propiconazole			C
Propoxur			B2
Pymétrozine			L2
Pyréthrines			L2
Pyrimethanil			C
Pyrithiobac-sodium			C
Quintozène			C
Simazine			C
Sulfallate	2B	3	
Sulfosulfuron		2	L2
Tébuconazole			C
Terbutryne			C
Terrazole			B2
Tétrachloroéthane, 11,22-			C

Pesticides	Classement IARC	UE*	US EPA
Tétrachlorvinphos			C
Tétraconazole			L2
Thiabendazole			L2
Thiazopyr			C
Thiodicarbe			B2
Thiopanate-methyl			L2
Toxaphène	2B		B2
Tralkoxydim		3	L2
Triadiméfon			C
Triadiménol			C
Triallate			C
Tribénuron méthyle			C
Trichlorfon			LI
Trifluraline			C
Triflusulfuron-méthyl			C
Triphenyltin hydroxide			B2
Uniconazole			C
Vinclozoline			C
Zirame			L2
Famille de pesticides			
Arsenic et dérivés	1		
Cadmium et dérivés	1		
Herbicides chlorophénoxy	2B		
Hexachlorocyclohexanes	2B		
Composés à base de Méthylmercure	2B		
Nickel et dérivés	1		
Polychlorophénols	2B		

Classement

IARC

1 : cancérogène humain

2A : cancérogène humain probable

2B : cancérogène humain possible

3 : non classifiable

4 : probablement pas cancérogène pour l'homme

***Union européenne**

1 : cancérogène humain

2 : cancérogène probable

3 : cancérogène possible

US EPA

A : cancérogène humain

B1, B2 : cancérogène probable

C, L1, L2, S : cancérogène possible

D : non classifiable

E : non cancérogène

ANNEXE X

Effets potentiels sur la santé de quelques pesticides courants

Après avoir mis en évidence la contamination importante de notre environnement, de notre nourriture et de nos organismes par les pesticides ainsi que le type de maladies induites, nous examinerons de plus près quatre pesticides qui sont soit très largement utilisés en France en agriculture ou à des fins domestiques soit fréquemment présents, sous forme de résidus, dans l'eau dite potable, dans l'air ou dans les aliments. Il s'agit du glyphosate, de l'atrazine, de l'endosulfan et du dichlorvos.

Le glyphosate (Roundup et autres marques commerciales)

Le glyphosate est un herbicide dit "systémique". Il est absorbé par les racines et se répand dans les plantes. En 1998, 112 000 tonnes ont été utilisées dans le monde. La culture de variétés de plantes OGM* résistantes au Roundup a fait exploser les ventes de cet herbicide. La culture de soja résistant au Roundup aux États-Unis a conduit à une augmentation des ventes de cet herbicide de 72 % depuis 1997 (264). Il est également utilisé en toute inconscience par des millions de jardiniers amateurs, y compris au potager, car les fabricants prétendent qu'il est biodégradable* en quelques jours seulement. Il a été présenté par l'industrie des pesticides comme totalement inoffensif, "plus sûr que du sel"!

Effets possibles du glyphosate

Type d'affection	Nature de l'affection	Références
Toxicité aiguë	À des doses faibles, le glyphosate cause des irritations de la peau et des yeux ainsi que divers symptômes : vision trouble, eczéma, fièvre, nausées... Le POEA, un adjuvant utilisé pour une meilleure efficacité de l'herbicide, irrite les yeux, cause des rougeurs de la peau, des nausées et des diarrhées.	267 268
Toxicité chronique	Le glyphosate est toxique à faible dose sur de longues périodes.	269
Caractère cancérogène	Même si, selon l'Agence de protection de l'environnement des États-Unis, le glyphosate est classé non cancérogène, en 1999, d'éminents cancérologues suédois, le docteur Lennart Hardell et le docteur Mikael Eriksson, ont mis en évidence un lien entre le Roundup de Monsanto, et le lymphome non hodgkinien (LNH), une forme de cancer.	270
Caractère mutagène	Même si le principal fabricant met en avant des études qui montrent que le glyphosate ne causerait pas de dégâts sur le matériel génétique, d'autres études ont montré qu'il serait mutagène, y compris chez l'homme.	271
Effets sur la reproduction	L'exposition au glyphosate serait la cause de troubles de la reproduction chez l'homme et l'animal.	266
Effets des métabolites du glyphosate	Le principal métabolite du glyphosate est l'acide aminométhylphosphonique (AMPA). Il a été démontré qu'il avait des effets de toxicité chronique chez l'animal. L'AMPA est très persistant dans l'environnement. Sa demi-vie* dans le sol peut atteindre 958 jours ! Des résidus d'AMPA ont été retrouvés dans des plantes un an après le traitement au glyphosate.	273 274

La réalité est bien différente comme le montre le tableau précédent. En juin 1997, à New York, Monsanto a été obligé de retirer ses publicités affirmant que le Roundup était biodégradable et respectueux de l'environnement. Son innocuité pour la santé humaine est également mise en doute : selon le département de santé publique de l'université de Californie, le glyphosate serait la troisième cause de maladies liées aux pesticides parmi les agriculteurs (265). Il aurait également des effets négatifs sur la reproduction humaine (accroissement du nombre de fausses couches et de naissances prématurées dans les familles où le père l'utilise (266). De plus, ses métabolites* seraient très persistants et les adjuvants qui entrent dans sa composition seraient eux aussi toxiques et accroîtraient sa toxicité!

L'atrazine

En France, l'atrazine est un désherbant de la famille des triazines très largement utilisé pour contrôler certaines mauvaises herbes, principalement dans les cultures de maïs, mais aussi sur le sorgho à grains.
L'atrazine est également utilisée comme désherbant sur des terrains non agricoles (voies ferrées, bords de routes...).
Les problèmes posés par cet herbicide sont très nombreux et importants.
Notons d'abord qu'il est très stable dans l'environnement : il peut persister dans le sol d'une saison à l'autre et nuire aux cultures sensibles (275). Une étude souligne qu'au bout de 70 jours dans le sol, 1 % seulement de l'atrazine avait été complètement métabolisée en dioxide de carbone. La dégradation de l'atrazine dans le sol est plus lente dans des conditions froides.
De plus, il se dégrade en 11 métabolites (276) dont 2 (déséthylatrazine et deisopropylatrazine) ont, selon un fabricant (Ciba-Geigy), une toxicologie dont on peut penser qu'elle est similaire à celle de l'atrazine.

Enfin, il est très mobile dans le sol, ce qui explique qu'on le retrouve dans les nappes souterraines (277). En conséquence, les eaux de surface et les eaux souterraines des régions où l'on utilise l'atrazine sont très fortement polluées par ce pesticide (voir chapitre II). Quant au déséthyl atrazine (principal métabolite de l'atrazine), il est retrouvé dans plus de la moitié des eaux souterraines des stations où il a été recherché par l'enquête de l'IFEN de 1998, l'atrazine ayant, elle, été trouvée dans 48 % des eaux analysées.
On constate également une pollution de l'air, des brouillards, des pluies (voir chapitre II).
Cette pollution est lourde de conséquences pour l'environnement (voir chapitre XI). Les organismes aquatiques (plancton, algues, plantes...) sont touchés et il suffit de doses très faibles (0,1 ppb*) (278) pour diminuer la biomasse et la photosynthèse. Les poissons et les vers de terre sont également touchés. Certaines mauvaises herbes deviennent résistantes à l'atrazine ainsi qu'à d'autres herbicides comme le fénuron, le diuron, etc.
Les conséquences possibles pour la santé humaine sont préoccupantes.

Effets possibles de l'atrazine

Type d'affection	Nature de l'affection	Références
Toxicité aiguë	Des études chez l'animal ont mis en évidence des effets de toxicité chronique chez l'animal à faibles doses affectant le fonctionnement du foie, des reins... et conduisant à une augmentation de la mortalité.	280
Caractère cancérogène	– Chez les professionnels : d'après le registre des cancers de Californie centrale, il existe une corrélation entre l'utilisation des herbicides 2,4-D et atrazine et la leucémie chez les hommes d'origine hispanique.	281
	– Plusieurs études trouvent des corrélations entre des herbicides spécifiques et l'apparition de LNH. Sont en cause : l'atrazine, le 2,4-D et le glyphosate.	282, 284
	– Les recherches ont montré que le DDT et certains de ses métabolites mais aussi l'endosulfan et l'atrazine perturbent la dégradation normale de l'œstradiol et favorisent la formation du "mauvais" œstrogène*, le 16 alpha-hydroxyestrone, qui provoque des tumeurs, notamment du sein (voir chapitre V).	283
	– L'exposition aux triazines (famille à laquelle appartient l'atrazine) a été associée à une augmentation significative des tumeurs de l'ovaire.	285
Effets sur la reproduction	– Dans l'Iowa, le taux de malformations à la naissance est 2 à 3 fois plus élevé dans les communes présentant des taux élevés d'atrazine dans l'eau de consommation que dans les autres, notamment 3 fois plus de malformations cardiaques et presque 7 fois plus de malformations des membres.	286
	– Les femmes qui vivent dans des régions où l'eau est contaminée par divers herbicides, dont l'atrazine, la cyanazine et le métolachlore ont un risque de retard de croissance du fœtus in utero accru de 80 % par rapport aux femmes de zones non contaminées.	287
Perturbation endocrinienne*	L'atrazine est un perturbateur endocrinien et interfère avec les œstrogènes.	288

Rappelons tout d'abord que l'atrazine est contaminée par des produits comme l'hexachlorobenzène et le tetrachlorodibenzofurane (279) qui font partie des POPs* pris en compte par la convention de Stockholm de mai 2001.
Sur les animaux de laboratoire, l'atrazine s'est révélée cancérogène et génotoxique*, et a affecté de diverses manières la reproduction.
Les mêmes dangers semblent peser sur l'espèce humaine. Aux États-Unis, l'atrazine est classée par l'EPA* comme "cancérogène possible" et de nombreuses études épidémiologiques lient l'exposition professionnelle ou environnementale à l'atrazine à différents types de cancers.
De même, des effets sur la reproduction sont plausibles. L'atrazine présente dans l'eau semble avoir des effets négatifs sur le développement du fœtus et pourrait être liée à une augmentation des prématurités et des fausses couches.
Des malformations liées à des taux d'atrazine élevés dans l'eau ont aussi été rapportées.
Cette omniprésence de l'atrazine dans l'environnement et sa toxicité ont amené le gouvernement français à décider (enfin!) l'interdiction de sa vente, prévue pour septembre 2002, puis de son emploi en juin 2003.

L'endosulfan

Ce puissant insecticide appartient à la famille des organochlorés. Il se présente sous deux formes moléculaires différentes : les isomères alpha et bêta. Il est chimiquement proche de la dieldrine, polluant organique persistant maintenant inscrit dans les annexes de la convention de Stockholm en vue de son élimination. La très grande toxicité de nombreux insecticides organochlorés pour toute forme de vie sauvage a été mise en évidence il y a déjà bien longtemps. L'endosulfan a acquis sa mauvaise réputation suite a un empoisonnement massif de poissons dans le Rhin en 1969 (289). En 1990, l'endosulfan est devenu la cause la plus fréquente de décès par empoisonnement dû aux pesticides aux Philippines. En 1999-2000, il a été la cause de 73 empoisonnements dont 37 mortels dans la seule province de Borgou au Bénin (290). Plus récemment, il est soupçonné d'avoir causé toute une série de graves atteintes à la santé des personnes exposées dans les plantations de noix de Cajou de la province du Kerala, en Inde : cancers divers, paralysies cérébrales, retards mentaux, désordres neurologiques congénitaux, malformations congénitales qu'on pense liées à la génotoxicité de l'endosulfan. (291) (Voir chapitre X).

Effets possibles de l'endosulfan

Type d'affection	Nature de l'affection	Références
Toxicité aiguë (atteintes du système nerveux central)	Même si l'OMS classe l'endosulfan dans la classe II (modérément dangereux), les données disponibles montrent que cette substance devrait être classée "extrêmement dangereuse". L'agence de protection de l'environnement des États-Unis (EPA) la classe d'ailleurs "Ib" (hautement dangereuse), de même que l'Union européenne. La stimulation du système nerveux central est la caractéristique principale de l'empoisonnement par l'endosulfan. Les symptômes d'intoxication aiguë sont multiples : hyperactivité, tremblements, difficultés respiratoires, salivation, anémie mais aussi perte d'équilibre et manque de coordination, vomissements, diarrhées, convulsions, pertes de conscience. On a vu plus haut que l'absorption de ce produit pouvait être mortelle.	298 299
Caractère cancérogène	Selon l'OMS, l'endosulfan n'est pas cancérogène (302). Cependant, les données ayant conduit à cette conclusion sont remises en cause (289). De plus, de nouvelles études indépendantes montrent que l'endosulfan peut provoquer des cancers, notamment du foie, chez l'animal.	300 301
Caractère mutagène et génotoxique	Si l'OMS considère que l'endosulfan n'est ni mutagène, ni génotoxique (302), de nombreuses études indépendantes in vitro et in vivo arrivent à la conclusion inverse (289), comme nous l'avons montré précédement.	303, 283, 284
Perturbation endocrinienne	L'endosulfan est perturbateur endocrinien considéré comme possible par l'Union européenne et par de nombreux spécialistes comme Theo Colborn.	304

Shruthi (voir photo page 102) est née handicapée, victime, d'après des spécialistes, des effets génotoxiques de pesticides. Elle ne peut pas marcher. Il est possible de soutenir la population touchée en soutenant les associations locales (305) par l'intermédiaire du MDRGF (fv@mdrgf.org) *qui fera parvenir l'intégralité des fonds collectés.*

En Europe, et notamment en France, l'endosulfan est toujours autorisé et utilisé. On le trouve d'ailleurs fréquemment sous forme de résidus dans les légumes consommés en Europe et cela à des doses parfois supérieures à la dose de référence pour la toxicité aiguë ! Ainsi, il a été retrouvé dans plus de 31 % des échantillons de poivrons testés en Europe dans une enquête de la Direction générale Santé et protection du consommateur de l'Union européenne en 2001 (293). Le MDRGF a été la première ONG environnementale française à dénoncer cet état de fait en août 2001.

L'endosulfan contamine également largement l'environnement. On le trouve dans plus de 2% des échantillons d'air ambiant prélevés aux États-Unis lors d'une enquête réalisée en 1976 (294), et dans l'eau de pluie au Canada (295). Sa présence dans les eaux souterraines a également été mise en évidence. Sa demi-vie dans l'eau (de 35 à 150 jours) est suffisamment longue pour qu'on puisse le trouver dans les eaux souterraines au Canada toute l'année, aux côtés de l'atrazine et la simazine (296). La demi-vie du bêta-endosulfan dans le sol peut être de 800 jours (297).
L'endosulfan est extrêmement toxique pour la vie aquatique. On estime que des ruissellements en provenance des champs de coton dans l'Alabama ont tué plus de 240000 poissons sur 25 kilomètres du cours d'une rivière locale!

Le dichlorvos

Le dichlorvos est un insecticide organophosphoré à usage agricole et domestique (on le trouve comme principe actif de nombreux insecticides en bombe ou en plaquettes (Raid, Kaporex, etc.). On trouve parfois des résidus de dichlorvos dans les céréales et assez rarement dans les eaux.
Son utilisation comme insecticide domestique pose des problèmes particuliers. Bien que, pour ce type d'usage, il soit présent dans les produits en plus faible concentration que dans les spécialités à usage professionnel, des intoxications aiguës peuvent intervenir, surtout avec les enfants. Il est en effet classé par l'OMS en catégorie Ib (très dangereux). Comme tous les organophosphorés, il est neurotoxique (voir chapitre VII).
Le dichlorvos est classé par l'EPA et l'IARC comme "cancérogène humain possible". Le docteur Pluygers, cancérologue, le considère, au vu d'études épidémiologiques (306), comme un "cancérogène certain pour l'homme" (voir tableau ci-dessous).
Des études sur l'animal montrent que le dichlorvos est immunotoxique (307) et a des effets sur le développement et sur le système reproducteur (308).

Effets possibles du dichlorvos

Type d'affection	Nature de l'affection	Références
Caractère cancérogène	– Une enquête dans le Missouri chez des enfants atteints de cancer du cerveau montre une association significative entre cette affection et l'usage de produits ménagers contenant du lindane, du carbaryl et du dichlorvos.	309
	– Des cas de leucémie aiguë et d'anémie aplastique ont été rapportés pour des enfants exposés à du propoxur et du dichlorvos.	310
	– Une augmentation significative du risque de développer des leucémies lymphoïdes a été mis en évidence chez des fermiers du Nebraska exposés à du dichlorvos à usage vétérinaire.	311
	– Des agricultrices qui ont manipulé des organophosphorés, dont du dichlorvos, ont un risque significativement plus élevé de développer un LNH.	312
	– Des risques significativement plus élevés de leucémies ont été observés dans l'Iowa et le Minnesota auprès d'agriculteurs utilisant du dichlorvos à usage vétérinaire.	313

Pour en savoir plus

Ouvrages généraux

- *L'Homme en voie de disparition ?*, Theo Colborn, Dianne Dumanoski, J. Peterson Myers, préface d'Al Gore, Terre Vivante, 1997.
- *La France toxique. Santé-environnement : les risques cachés*, André Aschieri, La Découverte, 1999.
- *OGM, le vrai débat*, Gilles Éric Séralini, coll. "Dominos", Flammarion, 2000.
- *Études et travaux*, nos 29 et 34, Institut français de l'environnement, 61 bd Alexandre-Martin 45058 Orléans Cedex 01.
- *La Qualité de l'eau en France métropolitaine*, Jean-Claude Lefeuvre, Samuel Moreau, Chantal Vezie, Muséum d'histoire naturelle/WWF, mai 2000.
- *Le défi du XXIe siècle. Une vision écologique du monde*, Edouard Goldsmith, Éditions du Rocher, 1994.
- *Printemps silencieux*, Rachel Carson, Plon, 1963 ; Le Livre de Poche, n° 2378, 1968.
- *Les perturbateurs endocriniens, défi pour l'UE ?*, Parlement européen, SACO, 1998.
- *Il était minuit cinq à Bhopal*, Dominique Lapierre, Javier Moro, Robert Laffont, 2001.
- *Vers des modes de productions agricoles et horticoles respectant l'homme et son environnement naturel*, t. I, Georges Toutain, MDRGF, 2001. Contacter l'auteur à : courrier@mdrgf.org

Livres pratiques

- *Le guide du jardinage biologique*, J.P. Thorez, Ed. Terre Vivante, Mens, 2000
- *Ravageurs et maladies au jardin*, O. Schmid et S. Henggeler, Ed Terre Vivante, Mens, 2000
- *L'annuaire vert 200*, OCEP Editions, 2000
- *La bio de la terre à l'assiette*, Pascale Solana, Ed. Sang de la terre, 1999
- *Pas de pesticides à la maison*, Catherine Wattiez, Betty Beys, PAN Belgique, 131, rue du Prévot, 1050, Bruxelles, 1999.
- *Pesticides à usage domestique, risques pour la santé*, M. L. Van Hammée, Catherine Wattiez, PAN Belgique, 1999

Revues

- *Les Quatre Saisons du jardinage*, revue bimestrielle de jardinage biologique et d'écologie pratique, Domaine de Raud 38710 - Mens, Edité par Terre Vivante
- *La maison écologique*, BP 60 145, 14504 - Vire cedex
- *Nature et Progrès*, 68, bld Gambetta, 30700 - Uzès
- *Alternatives Santé l'Impatient*, 11, rue Meslay, 75003 - Paris
- *L'écologiste*, 25, Avenue de Fécamp 75012 - Paris

Sites web

MDRGF : htpp://www.mdrgf.org
Terre Vivante : htpp://www.terrevivante.org
Greenpeace France (page toxiques) : htpp://www.greenpeace.fr/campagnes/toxiques
Eau et Rivières de Bretagne : htpp://www.assoc.wanadoo.fr/erb
PAN (Pesticide Action Network) Afrique : htpp://www.pan-africa.sn
PAN Europe : htpp://www.pan-europe.net (en anglais)
PAN (base de données sur les pesticides) : htpp://www.pesticideinfo.org (en anglais)
Livre "Our Stolen Future" : htpp://www.ourstolenfuture.org

A visiter

Centre écologique Terre Vivante,
Domaine de Raud, 38710 - Mens
Tél. 04 76 34 80 80, Fax 04 76 34 84 02,
Email : terrevivante@wanadoo.fr,
Site : www.terrevivante.org,
Un lieu ouvert au public de mai à septembre, pour s'initier au jardinage biologique, à l'habitat écologique, à l'alimentation saine.

Bibliographie et notes

•1 Thornton J., *Pandora's Poison. Chlorine, Health and a New Environmental Strategy*, MIT Press, 2000. •2 Carson R. (1963), *Printemps silencieux*, Plon, 1963 ; Le Livre de Poche, n° 2378, Paris, 1968. •3 Dinham B., *The Pesticides Business, Impact on Food Security*, Pesticide News, n°42, dec. 1998 •4 Porter S., "Pesticide trade nears new high", in *Vital Signs 2000*, New York, 2000. •5 UIPP, *Rapport 2000*, p. 8. •6 Short P., Colborn T. (1999), "Pesticides use in the US and policy implications : a focus on herbicides", *Toxicol. Ind. Health* 15 (1-2) : 1264-1273. •7 Union européenne, "Status in december 2000 of current authorisations of active substances that member states had reported as having been on the market on 25.7.1993". •8 IFEN, "Les pesticides dans les eaux, bilans des données 1997 et 1998, réalisation 1999", *Études et travaux*, n° 29, 2000. •9 DDASS de l'Oise, "Teneurs en pesticides et nitrates enregistrées sur les captages d'eaux destinées à la consommation humaine", 1997. •10 IFEN, *Les pesticides dans les eaux, usages, origines et pertinence du suivi*, 1997. •11 *Que choisir?*, n° 369, mars 2000. •12 *Environnement Magazine*, n° 1587, mai 2000. •13 *Que Choisir?*, n° 341, septembre 1997 (source : INRA). •14 *Bestrijdingsmiddelen in de neerslag in Zuid, Holland*, 1998. •15 *Monitoring of Pesticides Residues in Products of Plant Origin in the EU, Norway and Iceland*, 1999 Report, SANCO/397/01-Final. juin 2001. •16 Soulard B., "L'eau douce, milieu et ressource", cours donné à l'École des mines, mars 2000. •17 US Food and Drug administration, "Total diet study, sept. 2000", in *Nowhere to Hide, Persistent Toxic Chemicals in US Food Supply*, PANNA and Commonweal, mars 2001. •18 *Recipe for Disaster : a Review of Persistent Organic Pollutants in Food*, Greenpeace research laboratory, department of biological sciences, university of Exeter, Royaume-Uni, mars 2000. •19 *Have we Lost our Heads? Neurotoxin Residues Harmful to the Developing Brains of our Children*, Consumentenbond, Stichting Natuur en Milieu, nov. 2000. •20 EWG (Environmental Working Group), "Overexposed Organophosphates insecticides in children's food", 29.01.1998. •21 Immerman F., Schaum J.L., *Non Occupational Pesticide Exposure Study*, US EPA, Research Triangle Park, janv. 1990, pp. 7-12. •22 Lewis R. *et al.* (1994), "Evaluation of methods for monitoring the potential exposure of small children to pesticides in the residential environment", *Arch. Environ. Contam. Toxicol.* 26 : 37-46. 23 Friedrich C. *et al.* (1998), "Pyrethroids in house dust of the german housing population, results of two national cross-sectional studies", *Gesundheitswesen* 60 (2) : 95-101. 24 Lewis R., "Human exposure to pesticides used in and around the household", US EPA, 20.8.1989. •25 Nishioka M.G. *et al.* (2001), "Distribution of 2,4-D in air and on surfaces inside residences after lawn applications : comparing exposure estimates from various media for young children", *Environ. Health Perspect.* 109 (11) : 1185-1191. •26 Hawley (1985) in Van Larebeke N., *Milieu, kanker en chemische hygiëne, Vlaamse Milieu maatschappij*, sept. 1997. •27 Whimore L.W. *et al.* (1994), "Non occupational exposure to pesticides for residents of two US cities", *Arch. Environ. Contam. Toxicol.* 26 : 47-49. •28 Greiser *et al.*, *Nähe zu einer Sondermülldeponie und andere Risikofaktoren für die Entstehung von Leukemien, malignen Lymphonen und multiplen Myelomen*, Bremer Institut für Präventionsforschung und Socialmedizin (BIPS), Brême, 1995. •29 Simcox N. *et al.* (1995), "Pesticides in household dust and soil : exposition pathways for children of agricultural families", *Environ. Health Perspect.* 103 (12) : 1126. •30 Express Micro Edition 06.01.2000. •31 WWF-UK, *Chemical Trespass, A Toxic Legacy*, Londres, 1999 •32 Center for Health, Environment and Justice, Fall Church, Virginie, Etats-Unis, 2000 •33 Kutz, F W, et al. "Organochlorine pesticides and PCBs in human adipose tissue." *Reviews of Environmental Contamination and Toxicology*, 120: 1-82, 1991. •34 Bordet, F, et al. "Organochlorine Pesticide and PCB Congener Content of French Human Milk" Bull. Env. Contam. Toxicol. 1993, n° 50 pp:425-432. •34a Mes, J, et al. "Organochlorine residues in adipose tissue of Canadians". *Bulletin of Environmental Contamination and Toxicology*. 45 : 681-688, 1990. •34b – Deuble L, et al.Environmental pollutants in meconium in Townsville, Australia. Department of Neonatology, Kirwan Hospital for Women, Townsville. Department of Pediatrics, Wayne State University, Michigan. - Whyall R.M. et al.(2001) Measurement of organophosphate metabolites in postpartum meconium as a potential biomarker of prenatal exposure : a validation study. *Env. Health Perspectives*, 109(4), 417-420. •34c Anderson, H A, et al. "Profiles of Great Lakes critical pollutants : A sentinel analysis of human blood and urine." *Environmental Health Perspectives*. 106 : 279-289, 1998 •34d Luquet, F.M, "Les résidus de pesticides organochlorés dans le lait français : lait de vache, brebis, chèvre, femme" Laboratoire d'industrie laitière, Douai, Thèse, 1972. •34e Aubert, Claude, Enquête de "Terre Vivante" : pollution du lait maternel. Dans : les quatre saisons, n°42 : 33-39. 1987 •34f Stanley, J S. "Broad Scan Analysis of the FY 1982 National Human Adipose Tissues Survey Specimens. Volumes 1 and 3. Washington DC : US EPA Office of Toxic Substances, 1986. •34g Arbuckle T, Bureau de la santé génésique et de la santé de l'enfant, Santé Canada, 1999. •34h Djordevic, M V, et al. "Assessment of Chlorinated Pesticides and PCBs in adipose breast tissue using a supercritical fluid extraction method". *Carcinogenesis*. 15 : 2581-2585, 1994. •34i Takei, G H, et al. "Analyses of human milk samples collected in Hawaii for residues of organochlorine pesticides and polychlorobiphenyls." *Bulletin of Environmental Contamination and Toxicology*.30 : 606-613, 1983. •34j Mes, J, et al. "Polychlorinated biphenyl and other chlorinated hydrocarbon residues in adipose tissue of Canadians". *Bulletin of Environmental Contamination and Toxicology*. 28 : 97-104, 1982. •35 Davies, D, Mes, J. "Comparison of the residue levels of some organochlorine compounds in breast milk of the general and indigenous Canadian populations." *Bulletin of Environmental Contamination and Toxicology* 39 :743-749, 1987. •36 Moysich, K B, et al. "Environmental Organochlorine Exposure and Postmenopausol Breast Cancer Risk." *Cancer Epidemiology Biomarkers and Prevention*. 7 : 181-188, 1998. •37 – *National Report on Human ·Exposure to Environmental Chemicals*, Center for Disease Control and Prevention, National Center for Environmental Health, Division of Laboratory Sciences, Atlanta, Géorgie, mars 2001 (www.cdc.gov/nceh/dls/report). – Lu C. *et al.* (2001), "Biological monitoring survey of organophosphate pesticides exposure among preschool children in the Seattle metropolitan area", *Environ. Health Perspect.* 109 (3) : 299-303. •38 Hendorf U., Angerer J. (2001), "Metabolites of pyrethroïd insecticides in an urin specimen : current exposure in an urban population in Germany", *Environ. Health Perspect.* 109 (3). •39 Hughes C.L., Foster W., "Man made chemicals in the amniotic fluid of unborn babies", Communication, 14.06.1999, Cedars-Sinai Medical Center. •40 Natural Resources Defense Council (NRDC), *Healthy Milk, Healthy Baby, Chemical Pollution and Mother's Milk : the Benefits of Breastfeeding*, www.ndrc.org/breastmilk/benefits.asp •41 Environnement Canada, *Les Dépôts atmosphériques dans les grands lacs*, http://www.on.ec.gc.ca/coa/2001/atmospheric-f.html •42 *Pesticides in the Atmosphere*, US Geological Survey, fact sheet FS-152-95. •43 Norstrom R. J. *et al.* (1998), "Chlorinated hydrocarbon contaminants in polar bears from eastern Russia, North America, Greenland and

Svalbard : biomonitoring of Arctic pollution", *Arch. Environ. Contam. Toxicol.* 35 (2) : 354-367. •**44** Greenpeace Canada. •**45** *Les pesticides : un choix judicieux s'impose pour protéger la santé et l'environnement*, rapport du Comité permanent de l'environnement et du développement durable, Canada, mai 2000. •**46** Dewailly E. *et al.* (1999), "Concentration of organochlorines in human brain, liver and adipose tissue autopsy samples from Greenland", *Environ. Health Perspect.* 107 (10) : 823-828. •**47** Toutain G., MDRGF, communication personnelle, 1999. •**48** UNEP, *Public Health Impact of Pesticides Used in Agriculture*, OMS et PNUE, Genève, Suisse, 1989. •**49** Office of Technology Assessment, *Neurotoxicity : Identifying and Controlling Poisons of the Nervous System*, United States Congress, avr. 1990, p. 283. •**50 a)** Delemotte B. *et al.* (1987), "Le risque pesticide en agriculture", *Arch. mal. prof.* 48 : 467-75. – **b)** Houeto P. *et al.* (1993), "Dossier de toxicovigilance. Méthodologie appliquée à la surveillance des risques professionnels", *Arch. mal. prof.* 54 : 577-84. •**51** *Alternatives Santé /L'Impatient*, avr. 2001. •**52** Somavia J., *Enfants perdus*, UNICEF, 2000, http://www.unicef.org/french/pon00/re.htm •52a Kristin Schafer, Press Release, PANNA, 11 mars 2002, PAN UK •**53** Reigart J.R., Roberts J.R., *Recognition and Management of Pesticides Poisonings*, 5e éd., US EPA 735-R-98-003, 1999. http://www.epa.gov/pesticides/safety/healthcare 54 O'Mailey M.A. (1997), "Skin reactions to pesticides", *Occup. Med. St. Art. Rev.* 12 : 327-45. •**55** Voir 54. •**56** Hearn C.E., Keir W. (1971), "Nail damage in spray operators exposed to paraquat", *Br. J. Ind. Med.* 28 : 399-403. •**57** McDonagh A.J. *et al.* (1993), "Chloracne study of an outbreak with new clinical observations", *Clin. Exp. Dermatol.* 18 : 523-525. •**58** Jaros F. (1978), "Acute percutaneous paraquat poisoning", *Lancet* 1 : 275. •**59** Reigast J.R., Robert J.R., *Recognition and Management of Pesticides Poisonings*, US EPA, 1999. •**60** Royce S. *et al.* (1993), "Occupational asthma in a pesticides manufacturing worker", *Chest.* 103 : 295-296. •**61** Kossmann S. *et al.* (1997), "The role of respiratory muscles in the impairment of the respiratory system function in the workers of a chemical plant division producing pesticides", *Przegl. Lek.* 54 : 702-706. •**62** Senthilselvan H. *et al.* (1992), "Association of asthma with use of pesticides", *Am. Rev. Respir. Dis.* 146 : 884-87. •**63** Altermeier W.A. (1999), "Pediatrician's view : asthma, something is wrong", *Pediatr. Ann* 28 (1) : 14-15. •**64** Voir 61. •**65** Zuskin E. *et al.* (1997), "Respiratory function in vineyard and orchard workers", *Am. J. Ind. Med.* 30 (2) 250-5. •**66** Voir 59. •**67** Duna G.F. *et al.* (1998), "Wegener's granulomatosis : role of environmental exposures", *Clin. Exp. Rheumatol.* 16 : 214-218. •**68** Lings S. (1982), "Pesticide lung : a pilot investigation of fruit growers and farmers during the spraying season", *Br. J. Ind. Med.* 39 : 370-376. •**69** La granulomatose de Wegener : il s'agit d'une inflammation nécrosante des vaisseaux sanguins de petits calibres (vascularites) en relation avec un désordre immunitaire chez l'individu concerné. Voir aussi : *Maladie de Wegener et exposition professionnelle*, Büchler M., Longuet C., Degenne D., El Ghoul Z., Lebranchu Y., Bardos P., Nivet H., service de néphrologie et immunologie clinique, laboratoire d'immunologie, CHU Tours (http://www.med.univ-tours.fr/annonces/journee/buchler.html). •**70** Colborn T., Dumanowski D., Myers J. P., *L'Homme en voie de disparition ?*, Terre Vivante, Mens, 1997. 71 "Wingspread Statement", *Rachel's Environment and Health Weekly*, n° 263, déc. 1991. •**72** Carlsen E. *et al.* (1992), "Evidence for decreasing quality of semen during the past 50 years", *Br. Med. J.* 306 : 509-513. •**73** WWF Canada, 1999. 74 Ministère de l'Environnement du Québec, bilan des ventes de pesticides au Québec en 1997. •**75** Center for Bioenvironmental Research of Tulane and Xavier Universities, 1999. •**76** Oliva A., Spira A., Multigner L., "Contribution of environmental factors to the risk of male infertility", *Hum. Reprod.* 16 (8) : 1768-1776. •**77** Davis D.L *et al.* (1998), "Reduced ratio of male to female births in several industrial countries", *JAMA* 279 (13) : 1018-1023. •**78** Moller H. (1998), "Trends in sex ratio, testicular cancer and male reproductive hazards : are they connected?", *APMIS* 106 : 232-239. •**79** Leblanc G.A. *et al.* (1997), "Pesticides : multiple mechanisms of demasculinization", *Mol. Cell. Endocrinol.* 126 : 1-5. •**80** Arbuckle T. *et al.* (2001), "An exploratory analysis of the effect of pesticide exposure on the risk of spontaneous abortion in an Ontario farm population", *Environ. Health Perspect.* 109 (8) : 851-8. •**81** Parlement européen, *Les perturbateurs endocriniens, défi pour l'UE ?*, SACO 100 FR, 1998. •**82** Sharpe M.R. et Skakkebaek N.E. (1994), "Are oestrogens involved in falling sperm counts and disorders of the male reproductive tract?", *Lancet* 341 : 1392-1395. •**83** Davis D. *et al.* (1993), "Medical hypotheses : xenoestrogens as preventable causes of breast cancer", *Environ. Health Perspect.* 101 (5) : 372-377. •**84** Dewailly E. *et al.* (1994), "High organochlorine body burden in women with estrogen-receptor positive breast cancer", *J. Natl Cancer Inst.* 86 (3) : 232-234. •**85 a)** Bradlow H.L. *et al.* (1995), "Effects of pesticides on the ratio of 16á/2- hydroxyesterone : a biologic marker of breast cancer risk", *Environ. Health Perspect.* 103 (suppl. 7) : 147-150. – **b)** Northern Coalition for Alternatives to pesticides, *Pesticides and Breast Cancer*, Eugene, Oregon. •**86** Bell M. *et al.* (2001), "A case control study of pesticides and fetal death due to congenital anomalies", *Epidemiology* 12 : 148-156. •**87** Shaw G.M. *et al.* (1999), "Mal pesticide exposure from multiple sources and selected congenital anomalies", *Epidemiology* 10 : 60-66. •**88** Schwartz D.A., LoGerfo J.P. (1988), "Congenital limb reduction defects in the agricultural settin", *Am. J. Public Health* 78 : 654-59. •**89** Munger R. *et al.* (1997), "Intrauterine growth retardation in Iowa communities with herbicide contaminated drinking water supplies", *Environ. Health Perspect.* 105 (3) : 308-314. •**90** Pastore L. M. *et al.* (1997), "Risk of stillbirth from occupational and residential exposures", *Occup. Environ. Med.* 54 (7) : 511-518. •**91** Voir 89. •**92** Tielemans E. *et al.* (1999), "Pesticide exposure and decreased fertilization rates *in vitro*", *Lancet* 354 : 484-485. •**93** Multigner L., Oliva A. (2001), *Hum. Reprod.* 16 : 1768. •**94** Stevens J. T. *et al.* (1999), "A risk characterization for atrazine : Oncogenicity profile", *J. Toxicol. Environ. Health* 56 (2) : 69-109. •**95** Dewailly E. *et al.* (2000), "Susceptibility to infections and immune status in Inuit infant exposed to organochlorines", *Environ. Health Perspect.* 108 (3) : 205-211. •**96** Une liste très complète des effets immunosuppresseurs de nombreux pesticides peut être consultée dans l'excellent ouvrage de Repetto R. et Baliga S., *Pesticides and the Immune System : the Public Health Risks*, World Resources Institute, mars 1996. •**97** Barnett, Rodgers, "Pesticides", in *Immunotoxicology and Immunopharmacology*, 2e éd., Raven Press, New York, 1994, p. 191-211. •**98** Thomas *et al.* (1988), "Immunologic effects of pesticides", in *Advances in Modern Environmental Toxicology*, vol. XVIII, Princeton Scientific Publishing, p. 261-295. •**99** Physicians for Social Responsibility, *Pesticides and Human Health. A Ressource for Health Care Professionals*, California for Pesticide Reform, 2000. •**100** Maroni M., Fait A., "Health effects in man from long term exposure to pesticides : a review of the 1975-1991 literature", Elsevier Scientific Publishers, Ireland Ltd, 1993. •**101 a)** Baker S.R., Wilkinson C.F., "The effects of pesticides on human health" in *Advances in Modern Environmental Toxicology*, XVIII, Princeton Scientific Publishing, 1990.– **b)** Germolec, D.R. *et al.* (1994), "Hypersensitiviy and occupational exposure", *Journal of Immunotoxicology and Immunopharmacology* XIV (3-4) : 107-113. •**102** Druet P. (1995), "Metal-induced autoimmunity", *Hum. Exp. Toxicol.* 14 : 120-121. •**103** Thrasher J.D. *et al.* (1993), "Immunologic anormalities in humans exposed to chlorpyrifos : preliminary observations", *Arch. Environ. Health* 48 (2) : 89-93. •**104** Krivoruchko V.I. *et al.* (1989), "Possibility of using immunologic indices in the assessment of pesticide-related body effect", *Gigiena i Sanitariia* (3) : 22-24 (en russe). •**105** Hermanowicz A. *et al.* (1982), "Neutrophil function and infectious diseases in workers occupationaly exposed to organochlorine insecticides", *International Archives of Occupational and Environmental Health* 50 : 329-340. •**106** Hermanowicz A. *et al.* (1984), "Neutrophil fonction and infectious diseases in workers occupationaly exposed to phosphoorganic pesticides", *Clin. Immunol. Immunopathol.* 33 (1) : 13-22. •**107** Eshanov A.T. *et al.* (1993), "The characteristics of the immune status of populations in the Karakalpakstan Republic", *Immunologiia* 3 : 59-61 (en russe). •**108** McConnachie P.R., Zahlsky A.C. (1991), "Immunological consequences of exposure to pentachlorophenol", *Arch. Environ. Health* 46 (4) 249-53. •**109** Colosio C. *et al.* (1993), "Toxicological and immune findings in workers exposed to PCP", *Arch. Environ. Health* 48 (2) : 81-88. •**110** Hong R. (1991), "Effects of environmental toxins on lymphocyte function : studies in rhesus and man", *Annals of Allergy* 66 : 474-480. •**111** Voir 101. •**112** Babadzanov A.C. (1988), "Studies of the influence of pesticides on the health of rural populations" (cité dans réf. 141). •**113** *The Nature of Things*, Canadian Broadcasting Corporation (CBC) program, interview by Dr. David Susuki, 14.03.2001. •**114** Erice Statement in "Chemicals and the brain", *Rachel's Environment and Health Weekly*, n° 499 et n° 501. http://www.monitor.net/rachel/rehw-home.html •**115** Porter X.L. *et al.* (1999), "Endocrine, immune and behavioral effects of aldicarb, atrazine and nitrate mixtures at groundwater concentrations", *Toxicol. Ind. Health* 15 : 133-150. •**116** Porter W.P. interviewé par Keith Hamm, "What's in the mix?", *Santa Barbara Independent*, Californie, 15.04.1999, p. 21 *sqq.*, www.independent.com/007/001/002.html •**117** Whybrow P.C. (1991), "Behavioral and psychiatric aspects of thyrotoxicosis" in Braverman L.E., Utiger R.D., *The Thyroid : a Fundamental and Clinical Text*, 6ᵉ éd., J.B. Lippincott, Philadelphia PA, pp. 863-870. •**118** Boyd C.A., Weiler M.H., Porter W.P. (1990), "Behavioral and neurochemical changes associated with chronic exposure to low-level concentration of pesticide mixtures", *J. Toxicol. Environ. Health* 20 : 209-221. •**119** Whybrow P.C. (1991), "Behavioral and psychiatric aspects of hypothyroidism", in Braverman L.E., Utiger R.D., *The Thyroid : a Fundamental and Clinical Text*, 6ᵉ éd., J.B. Lippincott, Philadelphia PA, pp. 1078-1083. •**120** Porterfield S. *et al.* (1993), "The role of thyroid hormones in prenatal and neonatal neurological development-current perspectives", *Endocr. Rev.* 14 (1) : 94-106. •**121** Guillette E.A. *et al.* (1998), "An anthropological approach to the evaluation of preschool children exposed to pesticides in Mexico", *Environ. Health Perspect.* 106 (6) : 347-353. •**122** Baldi I. *et al.* (2001), "Neuropsychologic effects of long term exposure to pesticides : results from the french Phytoner study", *Environ. Health Perspect.* 109 (8) : 839-844. •**123** Jamal G.A. (1997), "Neurological symptoms of organophosphorus compounds", *Adverse Drug React. Toxicol. Rev.* 16 : 133-170. •**124** Steenland K. *et al.* (1994), "Chronic neurological sequelae to organophosphates pesticide poisoning", *Am. J. Public Health* 84 731-736. •**125** Bosma H. *et al.* (2000), "Pesticide exposure and risk of mild cognitive dysfunction", *Lancet* 356, n° 9233. •**126** Pesticide Action Network, "Parkinson's disease possibly linked to pesticide exposure", 28.09.2001. •**127** Lewin R. (1985), "Parkinson's disease : an environmental cause?", *Science* 229 : 257-258. •**128** Fink A.L. (2001), in "The environment and Parkinson's", *Chemical and Engineering News* 79 (38). •**128a** Nelson L., Communication à la rencontre annuelle de l'American Academy of Neurology, San Diego, Etats-Unis, 2000 •**129** Pairon J.-C. *et al.*, *Le risque cancérogène. Du repérage à la surveillance médicale*, rapport du groupe de travail, université de Lille-II. •**130** Estimation de l'incidence du cancer en France, Réseau européen des registres des cancers (ENCR), *Eur. J. Cancer Prev.*, 1997, vol. VI, p. 442-466. •**131** Robert O., Le cancer, Fondation pour la recherche médicale. 1997 •**132** Osburn S., Research Report, *Do Pesticides Cause Lymphomas?*, Lymphoma Foundation of America, 2000. •**133** Pluygers E. *et al.*, *Pesticides et cancer humain, revue*, Éd. Aves, Liège, 1994. •**134** Viel J.-F. (1992), *Étude des associations géographiques entre mortalité par cancers en milieu agricole et exposition aux pesticides*, thèse de doctorat, université Paris-XI. •**135** Hansen E.S. *et al.* (1992), "A cohort study on cancer incidence among danish gardeners", *Am. J. Ind. Med.* 21 5 : 651-660. •**136 a)** Van Hammée M.L., Wattiez C. (1999), *Pesticides à usage domestique, risques pour la santé*, PAN Belgique. – **b)** Blair et Zahm (1995), "Agricultural exposures and cancer", *Environ. Health Perspect.* 103 (suppl. 8) : 205-208. – **c)** Hardell *et al.*, 1994. •**137** Fontana A. *et al.* (1998), "Incidence rates of lymphomas and environmental measurements of phenoxy herbicides : ecological analysis and case-control study", *Arch. Environ. Health* 53 (6) : 384-387. •**138** Keetles M.A. *et al.* (1997), "Triazine herbicide exposure and breast cancer incidence. An ecologic study of Kentucky counties", *Environ. Health Perspect.* 105 (11) : 1222-1227. •**139** Grimalt J.O. *et al.* (1994), "Risk excess of soft tissue sarcoma andthyroïd cancer in a community exposed to airborne organochlorinated compound mixtures with a high hexachlorobenzene content", *Int. J. Cancer* 56 (2) : 200-203. •**140** Document de synthèse disponible à : www.ecocouncil.dk •**141** Repetto R., Baliga S., *Pesticides and the immune system, the public health risks*, World Ressources Institute, mars 1996. •**142** Maroni M. *et al.*, "Health effects in man from long term exposure to pesticides : a review of the 1975-1991 literature", Elsevier Scientific Publishers, Ireland, 1993. •**143** Blair B.R. *et al.* (1992), "Clues to cancer etiology from studies of farmers", *Scand. J. Work Environ. Health* 18 : 209-215. •**144** Hoar S.K. *et al.* (1986), "Agricultural herbicide use and risk of lymphoma and soft tissue sarcoma", *JAMA* 256 (9) : 1141-1147. •**145** Leiss J.K., Savitz D.A. (1995), "Home pesticide use and childhood cancer : a case control study", *Am. J. Public Health* 85 (2) : 249-252. •**146** Stancek *et al.* (1995), "Links between prolonged exposure to xenobiotics, increased incidence of hepatopathies, immunological disturbances and exacerbation of latent Epstein-Barr virus infections", *Int. J. Immunopharmacol.* 17 (4) : 321-328. •**147** Newcombe D.S. (1992), "Immune surveillance, organophosphorus exposure, and lymphomagenesis", *Lancet* 339 : 539-541. •**148** Exon J.H. *et al.* (1987), "Immunotoxicity of carcinogenic pesticides and related compounds environmental carcinogenesis reviews", *J. Environ. Sci. Health*, C5 (1) : 73-120. •**149** Pluygers E., *Pesticides et cancers : estimation de la fréquence réelle des cancers induits*, bureau européen de l'Environnement, Bruxelles, 1997. •**150** Devra D.L. (1995), "The Cancer Conundrum", *Environ. Health Perspect.* 103 (11). •**151** Steve. F. *et al.* (1996), "Synergistic Activation of Estrogen Receptor with combinations of environmental chemicals", *Science* 272 : 1489. •**152** National Research Council, *Pesticides in the Diets of Infants and Children*, Washington DC, National Academy Press, p. 192, 1993. •**153** Cline R. *et al.* (1989), "Pentachlorophenol measurements in body fluids of people in log homes and workplaces", *Arch. Environ. Contam. Toxicol.* 18 : 475-481. •**154** Leiss. J, Savitz D. (1995), "Home pesticide use and childhood cancer. A case control study", *Am. J. Public Health* 85 (2) : 249-252. •**155** Plunkett L. *et al.* (1992), "Differences between adults and children affecting exposure assesment", International Life Science Institute, •**156** Zahm S.H., Ward M.H. (1998), "Pesticides and childhood cancer", *Environ. Health Perspect.* 106 (suppl. 3) : 893-908. •**157** Tomatis L. *et al.* (1992), "Transgeneration transmission of carcinogenic risk", *Carcinogenesis* 13 : 145-151. •**158** Teen R.G., "Cancer and the immune system" in *A Conspiracy of Cells. The Basic Science of Cancer*, Plenum Press, New York, 1993, pp.129-146. •**159** National Research Council, *Pesticides in the Diets of Infants and Children*, Washington D.C. National Academy Press, pp. 349-351. •**160** Daniels J.L. *et al.*, *Pesticides and Childhood Cancers*, Dep. of epidemiology, School of Public Health, University of North Carolina, 1997. •**161** Davis *et al.*, 1993. •**162** Leiss. J, Savitz D. (1995), "Home pesticide use and childhood cancer. A case control study", *Am. J. Public Health* 85 (2) : 249-52. •**163** Van Hammée M.L., Wattiez C., *Pesticides à usage domestique, risques pour la santé*, PAN Belgique, 1999. •**164** PAN UK, *Pesticides News* n° 51, mars 2001. •**165** Morrison H.I. *et al.* (1992), "Herbicides and cancer", *J. Natl Cancer Inst.* 84 (24) : 1866-74. •**166** Morrison H.I. *et al.* (1994), "NHL and agricultural practices the prairie province of Canada", *Scand. J. Work Environ. Health* 1 : 42-47. •**167** Viel J.F., Richardson S.T. (1993), "Lymphoma, multiple myeloma and leukemia among french farmers in relation to pesticide exposure", *Soc. Sci. Med.* 37 : 771-777. •**168** Mills P.K. (1998), "Correlation analysis of pesticide use data and cancer incidence rate in California counties", *Arch. Environ. Health* 53 (6) : 410-13. •**169** Kogevinas M. *et al.* (1995), "STS and NHL in workers exposed to phenoxy herbicides, chlorophenols and dioxins : two nested case-control studies", *Epidemiology* 6 (4) : 396-402. •**170** Voir 134. •**171** Garabrant D. *et al.* (1992), "DDT and related compounds and risk of pancreatic cancer", *J. Natl Cancer Inst.* 84 (10) : 764-771. •**172** Forastriere F. *et al.* (1993), "Cancer among farmers in central Italy", *Scand. J. Work Environ. Health* 196 : 382-389. •**173** Kristensen P. *et al.* (1996), "Cancer in offspring of parents engaged in agricultural activities in Norway", *Int. J. Cancer* 65 (1) : 39-50. •**174** Van Der Gulden J.W. *et al.* (1996), "Farmers at risk for prostate cancer", *Br. J. Urol.* 77 (1) : 6-14. •**175** Schreinemachers D.M. *et al.* (1999), "Cancer mortality in agricultural regions of Minnesota", *Environ. Health Perspect.* 107 (3) : 205-11. •**176** Daniels J.L. *et al.* (1997), "Pesticides and childhood cancers", *Environ. Health Perspect.* 105 (10) : 1068-77. •**177** Voir 176. •**178** Cordier S. *et al.* (1994), "Incidence and risk factors for childhood brain tumours in the Île-de-France", *Int. J. Cancer* 59 (6) : 776-82. •**179** Leiss. J, Savitz D. (1995), "Home pesticide use and childhood cancer. A case control study", *Am. J. Public Health* 85 (2) : 249-52. •**180** Fear N.T. *et al.* (1998), "Childhood cancer and paternal employment in agriculture : the role of pesticides", *Br. J. Cancer* 775 : 825-29. •**181** Carpenter D.O. *et al.* (1998), "Human health and chemical mixtures : an overview", *Environ. Health Perspect.* 106 (suppl. 6) : 1263-1270. •**182** Porter W. *et al.* (1999), "Endocrine, immune and behavioral effects of aldicarb, atrazine and nitrate mixtures at groundwater concentrations", *Toxicol. Ind. Health* 15 : 133-150. •**183** Arnold *et al.* (1996), "Synergistic activation of estrogen receptor with combinations of environmental chemicals", *Science* 272 : 1489-1492. •**183a** Marc J et al. (2002) "Pesticide Roundup Provokes Cell Division Dysfunction at the Level of CDK1/Cyclin B Activation", *Chem. Res. Toxicol.*, 15(3) : 326 331. •**184** Vyvyan H. *et al*, Liverpool University, 2001. •**185** Soto A.M. *et al.* (1994), "The pesticides endosulfan, toxaphene and dieldrin have estrogenic effects on human estrogen-sensitive cells", *Environ. Health. Perspect.* 102 (4) : 380-383. •**186** Pugh M. Et Tarazona J.V. *"Regulation for Chemical Safety in Europe : Analysis, Comment and Criticism"*, Kluwer Academic Publishers, 1998. •**187** De Jonckheere W. *et al.* (1995), "Pesticide residue concentration in a belgian total diet study", *J. of AOAC Int.* 79 (1) : 97-110. •**188** Pluygers É. in "Note concernant l'évaluation des risques de cancer liés à des mélanges complexes de substances potentiellement carcinogènes présentes en faibles concentrations dans l'environnement" (voir annexe IX). •**189** Mendelson J., directeur de l'International Center for Technology Assessment (ICTA), *The Ecologist* (Londres), sept. 1998. •**190** Reregistration eligibility decision of IBPC, US EPA, 1997. •**191 a)** Kerkvliet N.I., "Immunotoxicology of dioxins and related compounds", in A. Schecter (éd.), *Dioxins and Health*, Plenum Press, New York, 1994, pp. 199-225. – **b)** Snynder C.A., "Organic solvents", in Dean J.H. *et al.* (éds), *Immunotoxicology and Immunopharmacology*, 2e éd., Raven Press Ltd, New York, 1994, pp. 183-190. •**192** PAN Europe position on EU pesticides authorization, avr. 2001. •**193** "Cotton pesticides cause more deaths in Benin", Pesticide News, n° 52, juin 2001, PAN UK, Londres. •**194** Voir 48. •**195** Lapierre D. et Moro J., *Il était minuit cinq à Bhopal*, Robert Laffont, Paris, 2001. •**196** Indian Council of Medical Research, New Delhi, Inde. •**197** Rapport de Greenpeace : *Bhopal Toxic Legacy*, http://www.greenpeace.org/~toxics •**198 a)** Bougerra M.L., "Les pays du Sud rongés par les pesticides", *Le Monde diplomatique*, avr. 1999. – **b)** Ross J., "The Anaversa disaster : Mexico's Bhopal", *Global Pesticide Campaigner*, vol. VII, n° 4, déc. 1997. •**199** PANNA, "Problems with conventional cotton production", 2001. •**200** O'Hara S.L. *et al.* (2000), "Exposure to airborne dust contaminated with pesticide in the Aral sea region", *Lancet* 355 : 627-628. •**201** PANNA, Endosulfan Deaths in Benin, juin 2000. •**202** Goldminc M., Aubert C., *Vêtement, la fibre écologique*, Terre Vivante, Mens, 2001. •**203** Rupa D.S. *et al.* (1991), "Reproductive performance in population exposed to pesticides in coton fields in India", *Environ. Res.* 55 : 123-128. •**204** "Aerial spraying harms plantation workers in Kerala, India", *Pesticides News* n° 47, mars 2000, p. 6 *sqq.* •**205** *The Hindu*, 22.07.2001. •**206** Usha S. "Pesticide spraying in cashew plantations of North Malabar", Thanal Conservation Action & Information Network, juil. 2001. •**207** Roméo F., Quijano M.D., *Applying the Precautionary Principle in the Risk Assesment of Pesticides : Endosulfan Case Study*, College of Medicine, Manille, Philippines, 2000. •**208** FAO, *Les dépôts de résidus de pesticides, une bombe à retardement*, mai 2001. •**209** Smith C., Root E. (1999), "The export of pesticides : shipments from US ports 1995-1996", *Int. J. Of Occup. Environ. Health* 5 (2). •**210** FAO, *Les pesticides périmés menacent les populations d'Éthiopie*, 2001. •**211** Environmental Health Fund et d'autres organisations membres du réseau IPEN (Jack Weinberg, communication personnelle, 2000). •**212** Associated Press, 15.09.2001. •**213** Voir 2. •**214** Pimentel D. (1995), "Amounts of pesticides reaching target pests : environmental impacts and ethics", *J. Agr. Environ. Ethics* 8 : 17-29. •**215** Madhun Y.A., Freed V.H. (1990), "Impact of pesticides on the environment" in *Pesticides in the soil environment*, Soil Science Society of America Book Series, n° 2, Madison, Wisconsin, p. 4239-4446. •**216** Leblanc G.A. (1995), "Are environmental sentinels signaling ?", *Environ. Health Perspect.* 103 (10) : 888-890. •**217** Voir 70. •**218** Lahvis G.P. (1995), "Decreased *in vitro* lymphocyte response in free ranging bottlenose dolphins are associated with increased whole blood concentrations of PCB' and p,p'-DDT and o,p-DDE", *Environ. Health Pesrpect.* 103 (suppl. 4) : 67-72. •**219** Porter S.L. (1991), *Pesticide Poisonning in Birds of Prey*, Wildlife Center of Virginia, États-Unis. •**220** Voir 41. •**221** Perhall D.B. (1970), "Pesticides and the reproduction of birds", *Sci. Am.* 222 (4) : 73-78. •**222 a)** Fry. D.M. and Toone C.K. (1981), "DDT induced feminization of gull embryos", *Science* 213 : 922-924. – **b)** Voir 70. •**223** Gluth G., Hanke W. (1984), "A comparison of physiologic changes in carp induced by several pollutants at sublethal concentrations", *Comp. Biochem. Physiol.* 79 (1) : 39-45.

•**224** Voir 233. •**225** Pimentel D. *et al.*, "Assessment of environmental and economic impacts of pesticides use", in : Pimentel D., Lehman H., *The Pesticide Question : Environment, Economics and Ethics*, Routledge, Chapman and Hall, New York, 1993, pp. 47-84. •**226** Hurlbert S.H. *et al.* (1972), "Effects of an organophosphorus insecticide on the phytoplancton, zooplancton and insect population of fresh water ponds", *Ecol. Monogr.* 42 : 269-299. •**227** Gee C. (1997), "Pesticides and the mystery of deformed frogs", *Journal of Pesticide Reform* 17 (3) : 14. •**228** Holland *et al.* (1994), "Arable acronyms analysed : a review of integrated arable farming systems research in Western Europe", *Ann. Appl. Biol.* 125 : 399-438. •**229** Hassan S.A. *et al.* (1988), "Results of the fourth joint pesticide testing programme carried out by the IOBC/WPRS working group "Pesticides and beneficial organisms"", *J.. Apll. Ent.* 105 : 321-329. •**230** Halweil B., "Pesticide resistant species flourish" in Brown L., Renner M., Halweil B., *Vital signs*, 1999, New York. •**231** Belzunces L., Tasei J.N., *Rapport sur les effets du traitement de semences de tournesol au Gaucho*, déc. 1997. •**232** Cohérence, bulletin n° 25, mars 2001. •**233** *Journal of pesticides reform*, "Herbicide fact sheet : glyphosate", Northwest Coalition for Alternatives to Pesticides (NCAP), Eugene, Oregon. •**234** Seralini G.E., *OGM, le vrai débat*, Flammarion, Paris, 2000. •**235** Santos A., Flores M. (1995), "Effects of glyphosate on nitrogen fixation of free-living heterotrophic bacteria", *Lett. Appl. Microbiol.* 20 : 349-357. •**236** Gerber *et al.* (1989), "Revision of recommended laboratory tests for assessing side effects of pesticides on soil microflora", 4th Int. Workshop, Bundesforschungsanstalt, Braunschweig, Allemagne. •**237** Elmholt S. *et al.*, "The influence of fungicides on soil microflora with special attention to tests of fungicide effects on soil born pathogens" in Altman J., *Pesticide interactions in crop production : beneficial and deleterious effects*, CRC Press, Boca Raton, Floride, 1991, pp. 227-243. •**238** Kawate M.K. *et al.* (1997), "Effect of glyphosate treated henbit (*Lamium amplexicaule*) and downy brome (*Bromus tectorum*) on Fusarium solani f. Sp. Pisi and Pythium ultimum", *Weed Sci.* 45 : 739-743. •**239** **a)** Springett J.A., Gray R.A.J. (1992), "Effects repeated low doses of biocides on the earthworm Apporrectodea caliginosa in laboratory culture", *Soil. Biol. Biochem* 24 (12) : 1739-1744. – **b)** Voir 211. •**240** Fischer E. (1989), "Effets of atrazine and paraquat containing herbicides on Eisenia foetida", *Zool. Anz.* 223 (5/6) : 291-300. •**241** Web agri, sept. 2001. •**242** In "Les OGM remis en question", BEDE, fév. 2000, fiche n° 2, p. 2. •**244** Montbiot *et al.*, in *Courrier international* n° 381. •**245** Hardell L., Eriksson M. (1999), "A case-control study of non-hogkin lymphoma and exposure to pesticides", *Cancer* 85 (6) : 1353-60. •**246** Rani, Balaraman (1996), *Indian J. Exp. Biol.* 33 : 1241-1244. 247 Warwick S., *Pour la Science*, hors série, jan. 2000. •**248** Orson J., directeur du Morley Research Center, *Gene-Stacking in Herbicide-Tolerant Oilseed Rape : Lessons from the North American Experience*, English Nature research report n° 443. •**249** Séminaire spécial de la Commission du génie biomoléculaire. •**250** Voir 234, p. 94. •**251** *Biofutur* n° 191, 07.08.1999, pp. 38-40. •**252** Voir par exemple *L'Oise agricole*, 15.06.2001, pp. 8-9 : "Pour rassurer le consommateur sur les conditions de production agricoles, un intense travail technique, syndical et politique est en cours." •**253** *Codex commun pour l'agriculture raisonnée*. Traduction de *A Common Codex for Integrated Farming*, publié par EISA le 10.01.2001 à l'occasion des IVe rencontres FARRE de l'agriculture raisonnée à l'UNESCO, Paris. •**254** *Le Référentiel de l'agriculture raisonnée*, ministère de l'Agriculture et de la Pêche-CSO, 8.01.2002, p. 3. •**255** Communiqué de presse commun CLCV-CSF-UNAF du 30.01.2002. •**256** Wattiez C., Goldenman G, PAN Europe, "A campaign for pesticide use reduction in Europe", in *Pesticides News* 51, mars 2001. •**257** "Plant Protection Products (PPP) use and risk reduction programmes in Norway", Årsvoll K., Norwegian Ministry of Agriculture. Communication à l'occasion de la conférence annuelle de PAN Europe "Time for a change", Brême, Allemagne, nov. 2001. •**258** Toutain G., *Vers des modes de productions agricoles et horticoles respectant l'homme et son environnement naturel*, MDRGF, 2001. Contacter l'auteur à : courrier@mdrgf.org •**259** *Produire autrement, six années d'expérimentation en Picardie*, chambre d'agriculture de Picardie, conseil régional de Picardie, août 1999. •**260** "Le dossier", encart de *Notre alimentation*, DGAL, n° 37, juin/juil. 2001. D'autres études menées pour étudier la présence relative de résidus de pesticides dans les produits issus de l'agriculture biologique et de l'agriculture traditionnelle confirment la présence réduite de résidus de pesticides dans les aliments biologiques : **a)** Woese K., Lange D., Boess C., Bögl K.W. (1997), "A comparison of organically and conventionally grown food, results of a review of the relevant literature", *J. Sci. Food Agric.* 74 : 281-293. **b)** Andersson A., Bergh T. (1995), Pesticide residus in some vegetables and berries. *Vår föda/Our Food, Journal of Swedish National Food Administration* 47 (8) : 22-24. **c)** Lecerf J.M. (1995), "L'agriculture biologique : intérêt en nutrition humaine?", *Cah. Nutr. Diét.* 30, 349-357. •**261** **a)** Ducasse-Cournac A.-M., Leclère B., *La qualité des produits de l'agriculture biologique*, Institut technique de l'agriculture biologique (ITAB), Paris, 2000. **b)** Alföldi T., Bickel R., Weibel F. (2001), *Recherches comparées sur la qualité des produits issus de l'agriculture biologique et conventionnelle : réflexion et critique des travaux de recherche menés de 1993 à 1998*, Institut de recherche de l'agriculture biologique (FIBL), Frick, Suisse. **c)** *Organic farming, food quality and human health*, Soil Association, Bristol, Royaume-Uni. •**262** UIPP, enquête agrégée pour l'année 2000 relative aux tonnages de substances actives phytosanitaires commercialisées en France. •**263** Wattiez C., Beys B., *Pas de pesticides à la maison*, PAN Belgique, 1999. •**264** Voir 234. •**265** Voir 234. •**266** Savitz D.A. *et al.* (1997), "Male pesticide exposure and pregnancy outcome", *Am. J. Epidemiol.* 146 : 1025-1036. •**267** **a)** Temple *et al.* (1992), "Glyphosate herbicide poisoning experience in New Zealand", *N. Z. Med. J.* 105 (933) : 173-4. **b)** Monsanto, "Material safety data sheet : Roundup", 1994. •**268** Sigma Chemical, "Material safety data sheet : Isopropilamyne", 1994. •**269** OMS, PNUE (1994), "The International Labour organization, glyphosate", *Env. Health Criteria*, 159. •**270** Voir 245. •**271** Bolognesi C. *et al.* (1997), "Genotoxic activity of glyphosate and Roundup", *J. Agric. Food. Chem.* 45 : 1957-1962. •**272** Voir 266. •**273** Agriculture Canada, "Discussion document : preharvest use of glyphosate", Ottawa, nov. 1997. •**274** Monsanto, "Confined rotational crop study of glyphosate", part II, 1990. •**275** Lean H. et al. (1991) "Assessing atrazine persistance in soil following a severe drought", *Br. Environ. Contam. Toxicol.* 46 : 22-29 •**276** De Luca D., *Analytical Determination of Pesticide Parent and Degradation Product Concentrations in Groundwater*, Madison University of Wisconsin, 1988. •**277** Howard P., *Handbook of Environmental Fate and Exposure Data for Organic Chemicals. Vol. III : Pesticides*, Chelsea, MI Lewis Publishers, 1991. •**278** Lampert W. (1989), "Herbicide effect on planktonic systems of different complexity", *Hydrobiologia* 188/189 : 415-424. •**279** Verschueren K., *Handbook of Environmental Data on Organic Chemicals*, Van Nostrand, Reinhold Co, New York, 1983. •**280** California Dep. of Food and Agriculture, *Summary of Toxicology Data : atrazine*, 1990. •**281** Mills P.K. (1998), "Correlation analysis of pesticide use data and cancer incidence rate in California Counties", *Arch. Environ. Health* 53 (6) : 410-13. •**282** Morison H.I. *et al.* (1992), "Herbicides and cancer", *J. Natl Cancer Inst.* 84 (24) : 1866-74. •**283** Bradlow H.L. *et al.* (1995), "Effects of pesticides on the ratio of 16á/2-

hydroxyesterone : a biologic marker of breast cancer risk", *Environ. Health Perspect.* 103 (suppl. 7) : 147-150. •**284** Weinsenburger D.D. (1990), "Environmental epidemiology of non-hodgkin's lymphoma in eastern Nebraska", *Am. J. Ind. Med.* 18 : 303-305. •**285** Donna A. *et al.* (1989), "Triazine herbicide and ovarian epithelial neoplasms", *Scand. J. Work Environ. Health* 15 : 47-53. •**286** Munger R.G. *et al.* (1997), "Intrauterine growth retardation in Iowa communities with herbicide contaminated drinking water supplies", *Environ. Health Perspect.* 105 : 308-314. •**287** Voir 286. •**288** Stevens J.T. *et al.* (1999), "A risk characterization for atrazine : oncogenicity profile", *J. Toxicol. Environ. Health* 56 (2) : 69-109. •**289 a)** Roméo F., Quijano M.D., *Applying the Precautionary Principle in the Risk Aassesment of Pesticides : Endosulfan Case Study*, College of Medicine, Manille, Philippines, 2000. **b)** Roméo F., Quijano M.D. (2000), "Risk Assesment in a third world reality : an endosulfan case history", *Int. J. of Occup. Environ. Health* 6 (4) : 312-317. •**291** *The Hindu*, dim. 22.07.2001. En ligne à : http://www.hinduonnet.com/stories/13220611.htm •**292** Quijano R. *et al.*, Thiruvananthapuram, 22.01.2002, In Thanal press release. •**293** Voir 15. •**294** Kutz F.W. *et al.*, in Lee R.E. (éd.), *Air Pollution from Pesticides and Agricultural Processes*, CRC Press, Cleveland, Ohio, 1976, pp. 95-137. •**295** Brooksbank P., "The canadian network for sampling organic compounds in precipitation", *Water Quality Bulletin n° 129*, Environment Canada, Inland Water Directorate, 1983. •**296** Franck R. *et al.* (1982), *J. Environ. Quality* 11 : 497-505. •**297** Stewart D.K.R., Cairns K.G. (1974), "Endosulfan persistence in soil and uptake by potato tubers", *J. Agric. Food. Chem.* 22 : 984-986. •**298 a)** Micromedex, Inc., Englewood, CO. Endosulfan. Vol. 17, edition expired 1993. **b)** IPCS, *Endosulfan Health and Safety Guide*, OMS, Genève, 1988. •**299** ATSDR (États-Unis), "Endosulfan data sheet", 1995 ; "Extoxnet, Endosulfan data sheet", 1992. •**300** IBT, 1965. •**301** Reuber (1981), "The role of toxicity in the carcinogenicity of endosulfan", *Sci. Total Fnviron.* 20 : 23-47. •**302** World Health Organization, WHO/FAO Joint Meeting on Pesticide Residues, "Endosulfan 91-115", Genève, 1989. •**303 a)** Syliangco C.Y.L. (1978), *Mutat. Res.* 53 : 271-272. **b)** Adams J.S. (1978), *Mutat. Res.* 53 : 271-272. **c)** Yadav A.S. *et al.* (1982), *Mutat. Res.* 105 : 403-408. **d)** Yuquan L. *et al.* (2000), *Environ. Health Perspect.* 108 : 559-561. •**304** Voir annexe II, liste des pesticides perturbateurs endocriniens. •**305** Jayakumar Chelaton, association Thanal. •**306** Voir 133 •**307** Institoris L. *et al.* (1995), "Diminution du nombre de leucocytes et de la réponse secondaire aux anticorps après administration orale chez le rat", *Int. J. Environ. Health Res.* 5 : 57-63. •**308** Krause W., Hamm K., Weissmuller J. (1976), "Damage to spermatogenesis in juvenile rat treated with DDVP and malathion", *Bull. Environ. Contam. Toxicol.* 15(4) : 458-462. •**309** Davis J.R. *et al* (1993), "Family pesticide use and childhood brain cancer", *Arch. Environ. Contam. Toxicol.*, 24 : 87-92. •**310** Reeves J.D. *et al.* (1981), "Household insecticide associated aplastic anemia ans acute leukemia in children", *Lancet*, 2, 300-301. •**311** Cantor K.P. *et al.* (1992), "Pesticides and other agricultural risk for non-hodgkin's lymphoma among men in Iowa and Minnesota", *Cancer Res.* 52, 2447-2455. •**312** Zahm S.H. *et al.* (1993), "The role of agricultural pesticide use in the development of NHL in women", *Arch. Environ. Health* 48 (5) : 353-358. •**313** Brown L.M. *et al.* (1990), "Pesticide exposures and other agricultural risk factors for leukemia among men in Iowa and Minnesota", *Cancer Res.* 50 : 6585-6591. •**314** Danzo B. J. (1997), "Environmental xenobiotics may disrupt normal endocrine function by interfering with the binding of physological ligands to steroid receptors and binding proteins", *Environ. Health Perspect.* 105 (3) : 294-301. •**315** Tezak Z. *et al.* (1992), "Effect of pesticides on oestradiol receptor complex formation in rat uterus cytosol", *Food Chem. Toxicol.* 30 : 879-885. •**316** Vonier P.M. *et al.* (1996), "Interaction of environmental chemicals with the estrogen and progesterone receptors from the oviduct of the american alligator", *Environ. Health Perspect.* 104 (12) : 1318-1322. •**317** Arnold S.F. *et al.* (1997), "*In vitro* synergistic interaction of alligator and human estrogen receptors with combinations of environmental chemicals", *Environ. Health Perspect.* 105 : (suppl. 3): 615-618. •**318** Klotz *et al.* (1996), "Identification of environmental chemicals with estrogenic activity using a combination of *in vitro* assays", *Environ. Health Perspect.* 104 (10) : 1084-1089. •**319** Vom Saal *et al.* (1995), "Estrogenic pesticides : binding relative to estradiol in MCF-7 cells and effects of exposure during fetal life on subsequent territorial behaviour in male mice", *Toxicol. Lett.* 77 : 343-350. •**320** Nesaretnam K. *et al.* (1996), "3,4,3'4-tetrachlorobiphenyl acts as an estrogen *in vitro* and *in vivo*", *Mol. Endocrinol.* 10 (8) : 923-926. •**321** Soto M. *et al.* (1995), "The E-SCREEN assay as a tool to identify estrogens : an update on estrogenic environmental pollutants", *Environ. Health Perspect.* 103 (suppl. 7) : 113-122. •**322** Simic B. *et al.* (1991), "Reversibility of the inhibitory effect of atrazine and lindane on cytosol 5-alpha dihydrotestostérone receptor complex formation in rat prostate", *Bull. Environ. Contam. Toxicol.* 46 : 92-99. •**323** Kelce *et al.* (1995), "Persistent DDT metabolite p,p'-DDE is a potent androgen receptor antagonist", *Nature* 375 : 581-585. •**324** Waller C.L. *et al.* (1996), "Three-dimensional quantitative structure-activity relationships for androgen receptor ligands", *Toxicol. Appl. Pharmacol.* 137 (2) : 219-227. •**325** Peterson *et al.*, "Male reproductive system ontogeny : Effects of perinatal exposure to dioxine, in Colborn T. *et al.*, *Chemically Induced Alterations in Sexual and Functional Development : the Wilddlife/Human Connection*, Princeton Scientific Publishing, Princeton, 1992, pp.175-194. •**326** Babic-Gojmerac T. *et al.* (1989), "Testosterone metabolism in neuroendocrine organs in male rats under atrazine and deethyl atrazine influence", *J. Steroid Biochem.* 33 (1) : 141-146. •**327** Crain D.A. *et al.* (1997), "Alterations in steroïdogenesis in alligators (*Alligator mississippiensis*) exosed naturally and experimentally to environmental contaminants", *Environ. Health Perspect.* 105 (5) : 528-533. •**328** Yadav A.K. et al. (1987), "Pesticide-induced changes in peripheral thyroïd hormone levels during different reproductive phases in Heteropneustes fossilis", *Ecotoxicol. Environ. Saf.* 13 (1) : 97-103. •**329** Silbergeld E.K. "Developing formal risk assessment methods for neurotoxicants : an evaluation of the state of the art", in Johnson B.L. (éd.), *Advances in Neurobehavioral Toxicology : Applications in Environmental and Occupational Health*, Chelsea, MI, Lewis, 1990 : 133-149. •**330** Cheek *et al.* (1998), "Environmental signaling : a biological context for endocrine disruption", *Environ. Health Perspect.* 106 (suppl. 1) : 5-10. •**331** Tronczynski J et Moisan K, "Evaluation des flux de produits phytosanitaires apportés par la Loire à l'estuaire, suivi annuel décembre 1997-février 1999 à Montjean", rapport d'étude provisoire. Ifremer, nov 1999, 61 p.

Index

Remerciements

Cet ouvrage n'aurait jamais pu voir le jour sans le soutien d'une foule de personnes formidables. Je tiens ici à les remercier toutes et tous pour leur aide, quelle que soit la forme de celle-ci.

Au premier rang de ces personnes : Sylvie et Stella, mon épouse et ma fille, qui ont dû supporter que je passe de longues heures devant mon ordinateur pour travailler à la rédaction de ce document. Merci pour votre patience et votre soutien, j'ai maintenant davantage de temps à vous consacrer.

Merci à mes parents, et par-delà aux leurs, qui ont su éveiller en moi un vrai amour pour la nature.

Merci à Georges Toutain, qui a su découvrir en moi cet amour et m'a offert un exemple unique de force d'engagement et d'éthique. Tous ces moments passés ensemble ont forgé mes convictions.

Merci à tous mes collègues, formidables militants écologistes du monde entier aux compétences extraordinaires, soucieux du bien commun de l'humanité de demain :

– Gaëlle Ecobichon pour sa patiente relecture et ses conseils précieux. Merci aussi de m'avoir permis de nouer tant de contacts irremplaçables ;
– Catherine Wattiez de PAN Europe pour m'avoir fait confiance, m'avoir conseillé… et m'avoir écrit une préface !
– Tous mes collègues du MDRGF ;
– Tous les collègues du réseau PAN Europe : Hans Muilerman, Ute Meyer… pour leurs informations ainsi que “Paulo” Matthews, le plus français des écologistes britanniques !
– Karen Perry, Sharyle Patton, Kristin Schafer, Romy Quijano, Jayakumar Chelaton, Mahmood Khwaja, Mariann Lloyd-Smith… et tous ceux du réseau IPEN, pour leur collaboration et leurs informations techniques précieuses ;
– Clif Curtis, responsable de l'unité “Toxiques” du WWF USA pour son soutien ;
– Merci à Yannick Vicaire de Greenpeace France.

Merci également à tous les auteurs cités dans ce livre pour leur travail.

Un merci particulier aux auteurs suivants pour l'autorisation de citation de leurs ouvrages ou de reproduction de leurs photographies : Joe Thornton, Caroline Cox, Jonathan Parfrey, David Chatfield, Anne Platt Mc Gin, Shree Padre…

Merci aux institutions suivantes pour leur autorisation de reproduction de documents : DGCCRF, DG SANCO (Union européenne), IFEN, UIPP…

Un merci spécial à Marc Demarcke, agriculteur-éleveur aux intuitions écologistes si pertinentes, pour m'avoir aidé à bien garder les pieds sur terre pendant que j'avais la tête dans les livres ! Merci à tous les vrais paysans que la terre porte encore pour l'exemple qu'ils nous montrent !

Enfin merci à Claude Aubert sans qui ce livre ne serait pas ou ne serait pas ce qu'il est.

MDRGF

Le Mouvement pour les Droits et le Respect des Générations Futures (MDRGF) a été créé en 1996 en Picardie et est actuellement présidé par François Veillerette. Les membres de cette association sont des citoyens qui se sentent responsables du patrimoine naturel qu'ils vont léguer aux générations futures et qui veulent contribuer à bâtir une société qui prenne réellement en compte la nécessité de maintenir les équilibres écologiques, afin de permettre l'épanouissement des hommes, présents et à venir.

Depuis ses débuts le MDRGF travaille sur des questions de pollutions chimiques et particulièrement sur les pollutions d'origine agricole. Il axe principalement son travail sur :

– La dénonciation des pollutions liées aux pratiques agricoles industrielles et les dangers pour la santé humaine et l'environnement qui en découlent ainsi que la promotion des agricultures propres.

–La dénonciation du gaspillage et des pollutions liés à la production de déchets dans notre société ainsi que la promotion de la réduction des déchets à la source.

En terme d'activité ces engagements se traduisent notamment par :

– Un travail de recherche sur les effets des pesticides et autres polluants chimiques sur la santé humaine.

– La publication d'ouvrages, la tenue de conférences destinés à l'information du public sur ces thèmes.

– Un travail de veille citoyenne, réalisé par des groupes de travail, pour informer le public et les associations des derniers évènements et connaissances en matières de pollutions chimiques et particulièrement agricoles.

– La participation à des négociations internationales sur les Polluants Organiques Persistants (POPs).

– La participation aux travaux de réseaux internationaux d'ONG travaillant sur ces thèmes (Pesticide Action Network, International POPs Elimination Network,..)

– La mise en pratique de techniques agricoles respectueuses de la vie à travers la conduite de vergers et jardins conduits en agricultures biologiques.

– La mise en place de réseaux composés de producteurs bio et de consommateurs.

– etc...

Pour adhérer ou nous apporter toute aide vous pouvez nous contacter au : 06 81 64 65 58 ou par email à l'adresse : fv@mdrgf.org.

Adresse postale :
MDRGF, 7 rue principale, 60380, St Deniscourt. France.
Retrouvez le MDRGF sur internet sur le site : www.mdrgf.org

Conception et réalisation : Cnossos
Achevé d'imprimer par Dumas-Titoulet Imprimeurs – 42100 Saint-Etienne
Dépôt légal : mai 2002 – N° d'imprimeur : 37127

ISBN : 2904082964